大谷石文化への誘い

—その歴史と魅力を探る—

宇都宮市大谷石文化推進協議会［編］

随想舎

プロローグ

平成30年5月に、「地下迷宮の秘密を探る旅～大谷石《おおやいし》文化が息づくまち宇都宮～」のストーリーが文化庁の「日本遺産」に認定されました。このストーリーは、宇都宮に住む人々が古《いにしえ》より地元で産出する大谷石を代表とする凝灰岩《ぎょうかいがん》をさまざまな形に変え、生活の中で使い続けてきた物語です。

宇都宮の北部から北西部にかけての丘陵部では、大谷石を始め徳次郎《とくじら》石や長岡《ながおか》石など各地域の名前が付いた凝灰岩が産出します。これらの石は大谷層《おおやそう》と呼ばれる地層に属します。本書で言う「大谷石文化」とは、この大谷層を掘って生み出された石を暮らしの中に利用してきた営みのことを指します。

この文化の始まりは縄文時代草創期《そうそうき》に遡《さかのぼ》ります。縄文人は大谷石の洞穴を居住空間として利用していました。この時点では「掘る」という行為は行われていません。その後、古墳時代になると、鉄器の普及で、石を「掘ったり」「加工したり」することができるようになり、古墳の石室や竪穴住居のカマドの石材として柔らかく加工しやすい凝灰岩が使われるようになります。また、河川などを利用し、石材が運ばれ、宇都宮以外の地域にもその使用が広がりました。

奈良時代の終わりの頃には、大谷層の壁面に磨崖仏《まがいぶつ》が「彫られ」ます。特に、遠いシルクロードを伝ってもたらされた大陸の技術を持った人物が、千手観音立像を造像している姿を思い浮かべると、古代へのロマンを感じられます。そして、この大谷の地に磨崖仏が造られたことで、鎌倉時代には「坂東《ばんどう》三十三所」の札所《ふだしょ》の一つとなり、今日まで信仰の場として多くの人々がこの地を訪れるようになります。

江戸時代になると大谷石等の地元で産出する凝灰岩は、蔵などの建物の壁材や屋根材、城や神社の石垣などの土木構造物に利用されるようになります。特に、大事なものを収納する蔵への石の利用は、それまでの板葺《いたぶ》き屋根の板蔵だったものを火災から守ることを目的として使われるようになります。

さらに明治以降は、建築材や土木構造材への利用が普及していきます。これを後押ししたのが、石材軌道や鉄道網による運搬手段の発達です。より多くの石材を一度に遠くまで運ぶことができるようになり、採石量も徐々に増加していきました。

そのような中、アメリカ人建築家のフランク・ロイド・ライトが、東京の帝国ホテルを設計するにあたり、柔らかく加工しやすい石を用いることとなりました。当初は石川県小松市の通称「蜂の巣石（菩提《ぼだい》石）」の使用を考えましたが、東京から遠いことから、産出量が多く東京に近い大谷石が選ばれ、ホテル側では建設に使用するための石山を買い取りました。それが、現在「ホテル山」と呼ばれる採石場跡地です。大正12（1923）年、相模湾を震源とする関東大震災が起こりました。その日は帝国ホテルが完成し、披露パーティーの当日でしたが、被害は最小限であったこともあり、そこに使われた大谷石の評価は高まり、全国的にその名が知られるようになりました。

昭和30年代には採掘機の機械化、さらにその後の道路網の整備等により鉄道輸送からトラック輸送へと輸送手段も変化し、昭和48（1973）年には、大谷石の生産量が89万トンとピークをむかえ、宇都宮市内のみならず、東京を中心とする首都圏にも多く運ばれ利用されました。

しかし、その後のコンクリートの普及などにより、大谷石の需要は低下し、現在稼働している採石場は数社となっていますが、内装材としての利用や、採石場跡地の活用など新たな取り組みも行われています。また、いまでも、宇都宮市内には多くの大谷石造りの建物や塀などが存在し、宇都宮のまちの景観を特徴づけています。

本書では、地元で産出する凝灰岩、主に大谷石の利用の歴史を振り返るとともに、宇都宮の人々の暮らしの中で石の文化がどのように息づいてきたかを紹介します。

大谷石文化への誘い
―その歴史と魅力を探る―

目次

【協力者(順不同・敬称略)】

大谷石材協同組合
大谷資料館
NPO法人 大谷石研究会
大谷グリーン・ツーリズム推進協議会
天開山大谷寺
龍虎山能満寺
国立国会図書館
栃木県立博物館
公益財団法人 明治村
自由学園明日館
株式会社淀川製鋼所
東武鉄道株式会社

池田貞夫
井上俊邦
大木雄一朗
齋藤恒夫
坂本昌英
塩田 潔
島田佐智夫
関 文夫
高橋敬忠
田中進一
野口静男
塙 静夫

【地図(第Ⅰ章・55ページ)・文化財MAP(122・123ページ)制作】

塚原英雄

【凡例】

一、本書は、宇都宮市大谷地区を中心に産出される「大谷石」の成り立ちから歴史的にどのように利用され、現在に受け継がれているかを4章構成で紹介した「大谷石文化」についての入門書です。

一、本書に記載の地名表記について、次の方針で記述しています。

①宇都宮市内に所在する場合は町名のみ記述(例・長岡町、松が峰1丁目など)。

②宇都宮市外で栃木県内の地名については、市町のみ記述(例・足利市、下野市など)。

③栃木県外の地名については、都道府県名と市区町村名を記述(例・東京都千代田区など)。

一、「Ⅳ章 2 建造物」に掲載の建造物は公開しているものを除き、外観のみ見学可能です。所有者の許可なく建造物のある敷地内に立ち入らないようご注意願います。また見学の際は、足場の悪い場所や交通量の多いエリアにもあるため、周囲の安全を確認してから見学してください。

一、本書では、地盤から石を掘り出して石材にするまでの工程のうち、複数の工程やすべての工程を指す用語として、採石法(昭和25年 法律第291号)を参考として「採石」を用いています。一方、多様な意味に用いられる「採掘」という用語については、採石工程のなかで石を地盤から切ったり掘ったりして取り出す作業のみに限定的に用いています(固有名詞や引用は除く。また文章表現上、極めて不自然になる場合については、この原則によらないこともある)。

一、本書に掲載の情報は、令和5(2023)年3月末現在のものです。

第Ⅰ章

大谷石の成り立ち

「大谷風景」の絵葉書

1 大谷石はどうやってできたのか

日本列島の形成と大谷石

今から約一億年前、日本列島はアジア大陸の東端の一部分だった(図I—01)。しかし今から約2500万年前、地球内部からのマントル※1が沸き上がり、日本列島の基《もと》になる部分がアジア大陸の東端から引き剥《は》がされていき、大きな湖ができた。後に海と繋がり日本海ができた(図I—02)。

今から約1800万年前、日本列島の基は、大陸から更に東に移動してきた。その後、西日本は時計回りに動いていきて、開いた東日本は反時計回りに開いた部分に大きな隙間ができた(図I—03)。

その大きな隙間の部分は、両方からそれぞれ引っ張られて、6000mにもなる深みができ、そこに海底の地層が厚く堆積《たいせき》した。この折れ曲がって深い窪《くぼ》みになった地帯を「大地溝帯《だいちこうたい》」(ラテン語でフォッサマグナ)という(図I—04)。

東西で折れ曲がった日本列島のうち、西日本の多くは陸地であったが、東日本の多くは海底にあり、火山活動が活発であった。

今から1500万年前、大部分が海底であった東日本のうち、現

図I－01 約1億年前

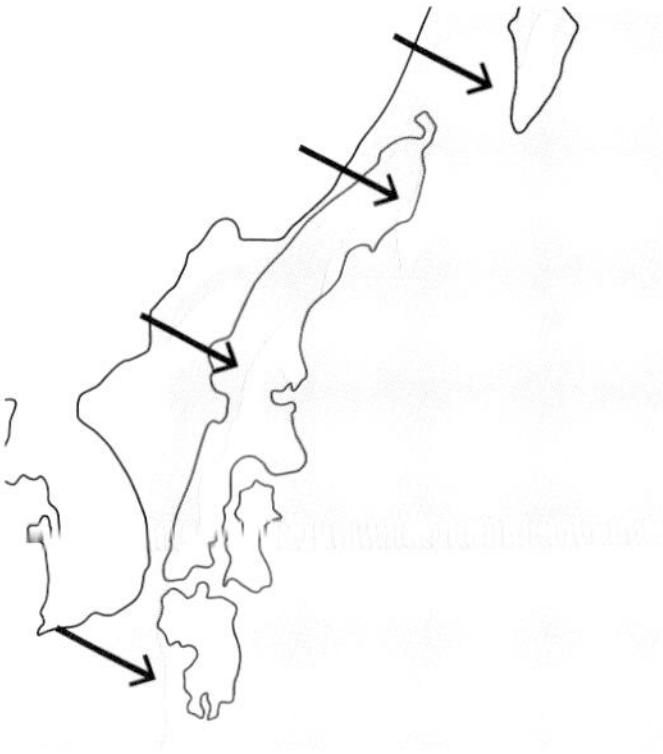

図I－02 約2,500万年前

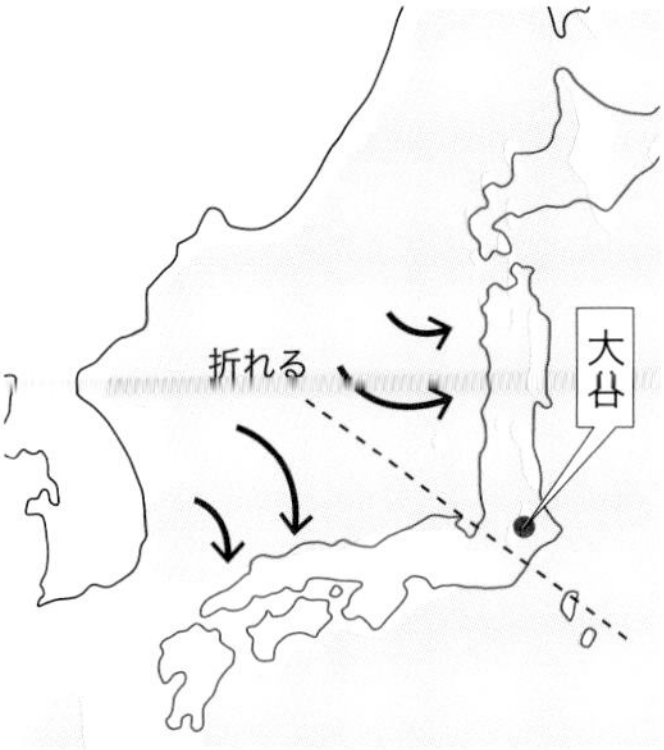

図I－03 約1,800万年前の日本列島
(講談社HP現代ビジネス「日本列島がどうしてできたか知っていますか?」を基に作成)

※1：地球内部の厚い層で地球全体の約8割を占めている。主にかんらん岩からできており、温度、圧力が高く、極めてゆるやかに流れる性質がある

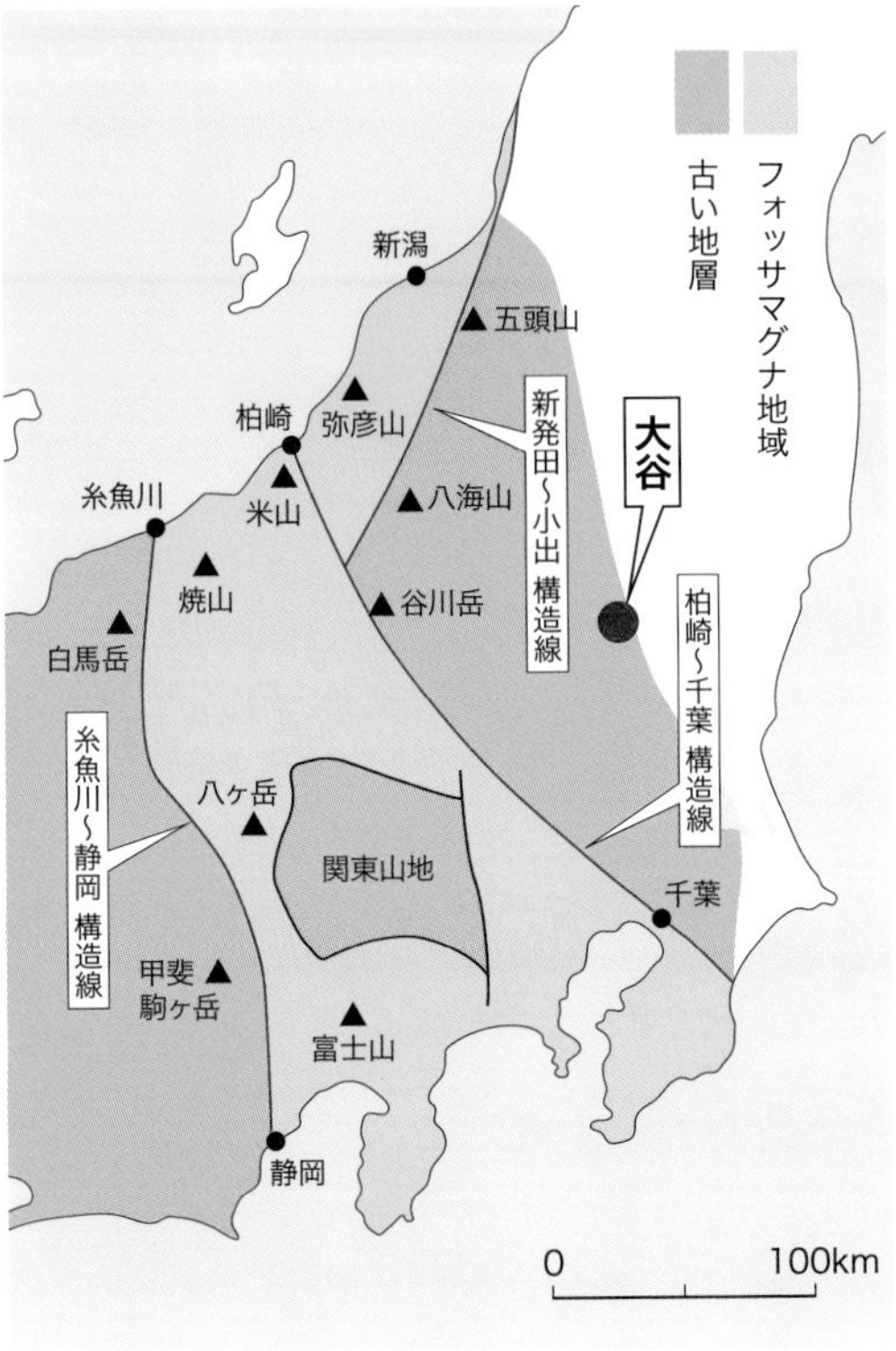

図I－04 フォッサマグナ地域
（フォッサマグナミュージアムHPを基に作成）

在の栃木県の足尾《あしお》、八溝《やみぞ》、古賀志《こがし》山地付近は陸地だった。現在の大谷付近は、海岸に近い海底で、西の古賀志付近から、北の篠井《しのい》付近も陸地だった。そして大谷地区の東から南には、海が一面に広がっていた。

　海底にも陸地にも火山があったが、そのうちの陸地の火山の一つの大噴火では、大量の軽石が噴出し、それが膨大な量の火砕流《かさいりゅう》※2となって内陸から海岸を超え、はるか沖合まで広がって海底で堆積した。これが現在の大谷石の基《もと》となるもので、噴出した軽石や火山灰のほか、熔岩《ようがん》や火山砕屑物《さいせつぶつ》（以下「火砕物」）の破片が含まれている。

　本書では、この堆積物を「大谷石の基になる堆積物」と呼ぶ。

　この頃、日本列島は全体として沈降する状況にあり「大谷石の基になる堆積物」を乗せた地盤も一緒に沈降し、大谷付近では水深2000mよりも深い場所で堆積した。この層の上部には、泥や砂がさらに堆積し、その厚さは約1000mにも及んだ。

　この層は以後500万年をかけて、深い地下の圧力などにより、含有する鉱物が変成し緑色を帯び※3た「大谷石の層」に変化していく。この時代の変化をグリーンタフ変動という（図I—05）。

　約1200万年前には、海底

※2：火山より噴出した高熱の岩石などが流れる現象

※3：緑泥石という緑色の鉱物に変化する

火山の活動が止み、厚い海底の地層が少しずつ陸化していった。

約350万年前、日本列島周辺の海洋プレートの配置が、現在とほぼ同じになり、挟まれた両プレートから押されて（東西圧縮）、日本列島はさらに隆起を始めた。日本各地から海は退き、この付近も、海底の大谷石層の上に堆積していた砂岩や泥岩が海面上に露出した後、浸食作用により暫時《ざんじ》削り取られていった（図Ⅰ―07）。

大谷層の形成

やがて大谷石の層も地表に現れたが、この段階ではまだ現在の大谷石層が分布する位置とは大きく異なっていたと考えられる。その後も沈降や上昇を繰り返す。

約60万年前に、西の足尾から北西部の那須・日光山地と、東の八溝山地の間には、遠く福島県方面から現在の東京湾に注ぐ巨大な河川※4が存在した。この河川の浸食により大きな谷が形成されたが、この那須から益子・佐野に至る中央低地には、分厚い河川堆積層による平地が形成された。この東西の山地と、それに挟まれた中央に低地が広がるという地形分布は、現在の栃木県の基本構造となっている（図Ⅰ―08）。

大谷はこの平地の西端部分にあ

図Ⅰ－05 グリーンタフ分布地域
（「栃木の地質をめぐって」を基に作成）

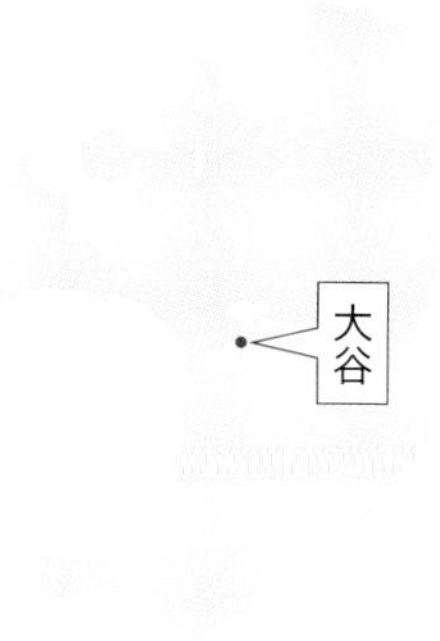

図Ⅰ－06 グリーンタフ時期の陸海図
（「栃木の地質をめぐって」を基に作成）

図Ⅰ－07 約350万年前の日本列島
（講談社HP現代ビジネス「日本列島がどうしてできたか知っていますか？」を基に作成）

※4：図Ⅰ－08のように関東平野の下にはこの古い巨大な河川が浸食した谷と厚い礫層が埋もれている

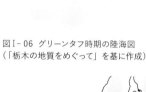

たり、ちょうど山地に移行する一部で、大谷石の層はこの砂礫層《されきそう》の下に存在する。東からやや南へ向けて、6度から8度ほど傾いて下がっている。

　大谷石の層は、大谷から宇都宮丘陵を経て、更に東と南の地下に連続して分布していたが、西から北の方では、河川の浸食により、削られて流れてしまった。削り取られた部分には「大谷石の基になる堆積物」が堆積する基盤であった地層が顔を出し、更に西ではもっと古い地層まで地表に現れるようになった。それらは現在の多気山《たげさん》や古賀志山《こがしやま》・半蔵山《はんぞうさん》に対応する高まり(現在の山地)となった。

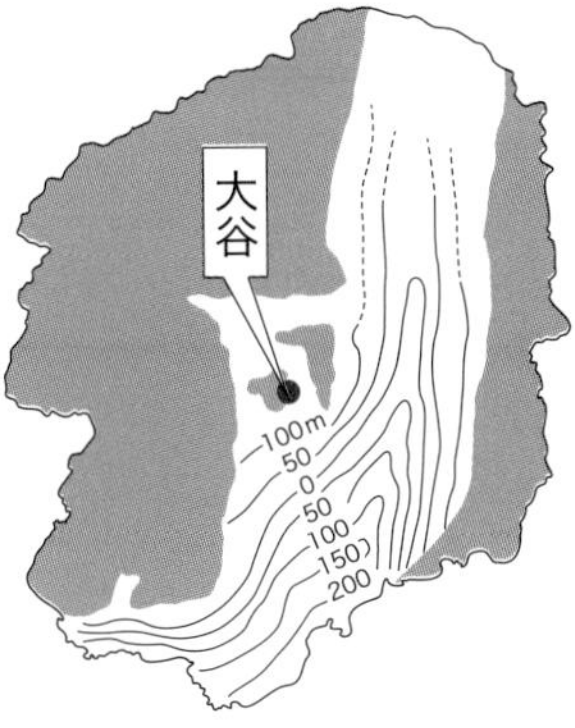

図I－08 約200万年前の基盤図

　大谷の西や北の高まりから流れ出た水は、砂礫層の上を幾筋かの川となって大谷付近を流れた。その当時の河床《かしょう》は、現在の標高で約250m付近であったと考えられている。その川の一つである姿川は、現在の御止山《おとめやま》の山頂(188m)より約50m余り高い位置を流れていたと想定されている。

　その後、河床は浸食されて少しずつ下がっていき、大谷石の層の上部を覆っていた砂礫層が削られ、やがて大谷石の層の本体も削られていった。

　約10万年前になると、大谷付近の砂礫層はほぼ削り取られ、大谷石の層も大きく削られた。現在見られる大谷の奇岩や宇都宮丘陵はその残りの部分である(図I―09)。

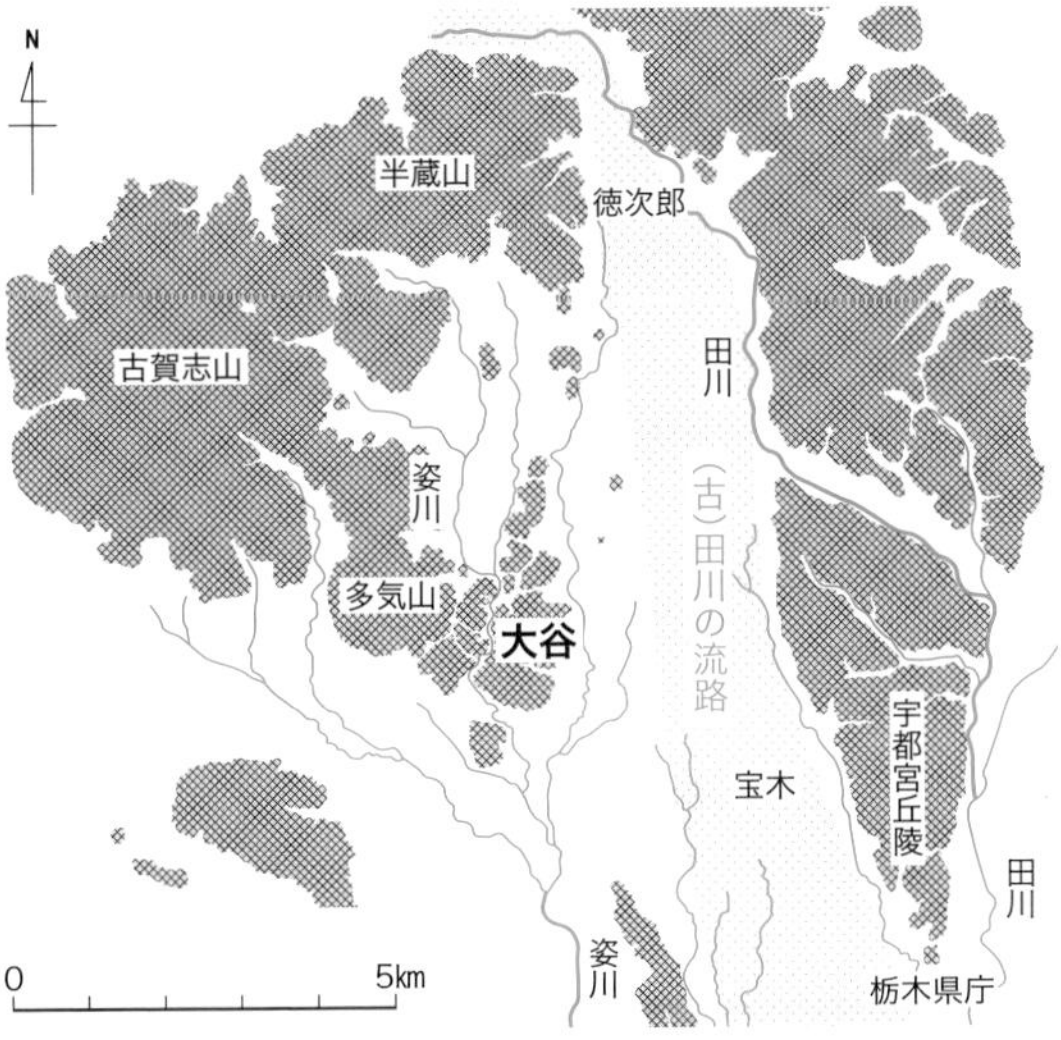

図I－09 約10万年前の大谷付近
(HP「地下迷宮の秘密を探る旅」「大谷はこうやってできた」を基に作成)

大谷と宇都宮丘陵との間に昔の(古)田川《たがわ》※5が流れ、これらの間を再び堆積物が覆い、幅広い低地ができた。

この当時これらの低地は川の流れによって、再び現在の地表面より約5～20m低い部分まで削り込まれた。

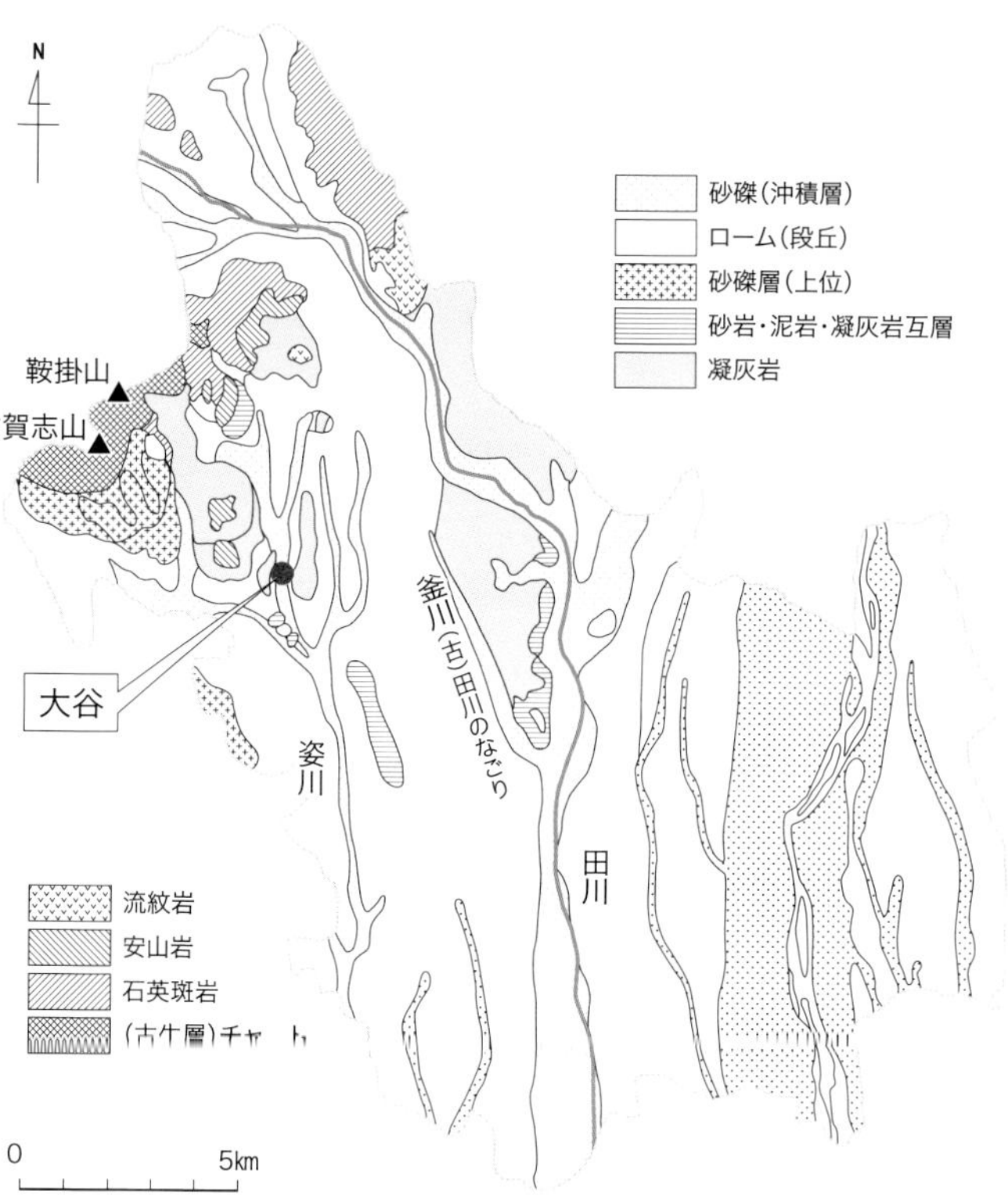

図Ⅰ-10 約2万年前の大谷付近

一方、姿川《すがたがわ》は、下へ下へと削り込み(下刻《かこく》)を続け、大谷石の山間を流れる深い谷川となった。

7万年前、大谷付近を流れる川の下刻※6が止まり、それまで削り込んできた谷が再び川の砂礫で埋まり、広い河原ができた(図Ⅰ―10)。

またしばらくして再び下刻が始まったが、この川筋からはずれ、大水になっても水をかぶらない砂礫層からなる台地が削り残された。この台地の上に火山灰(関東ローム層)が積み重なったものが、現在の「宝木台地《たからぎだいち》」で徳次郎《とくじら》、宝木、雀宮《すずめのみや》、小山《おやま》からさらに南へと広がっている。

大谷の山裾《やますそ》に分布する平坦地《へいたんち》の大半は、この台地と同じ時期にできたもので、地下には河川に削られ残った砂礫層がある(図Ⅰ―11)。

※5：古い田川は宇都宮丘陵の西側を流れる現在よりももっと巨大な河川だった。釜川はその名残である

※6：河川は大地の隆起や沈降と連動して下刻(下方浸食)と側刻(側方浸食)をくりかえし、谷や川原を形成していく

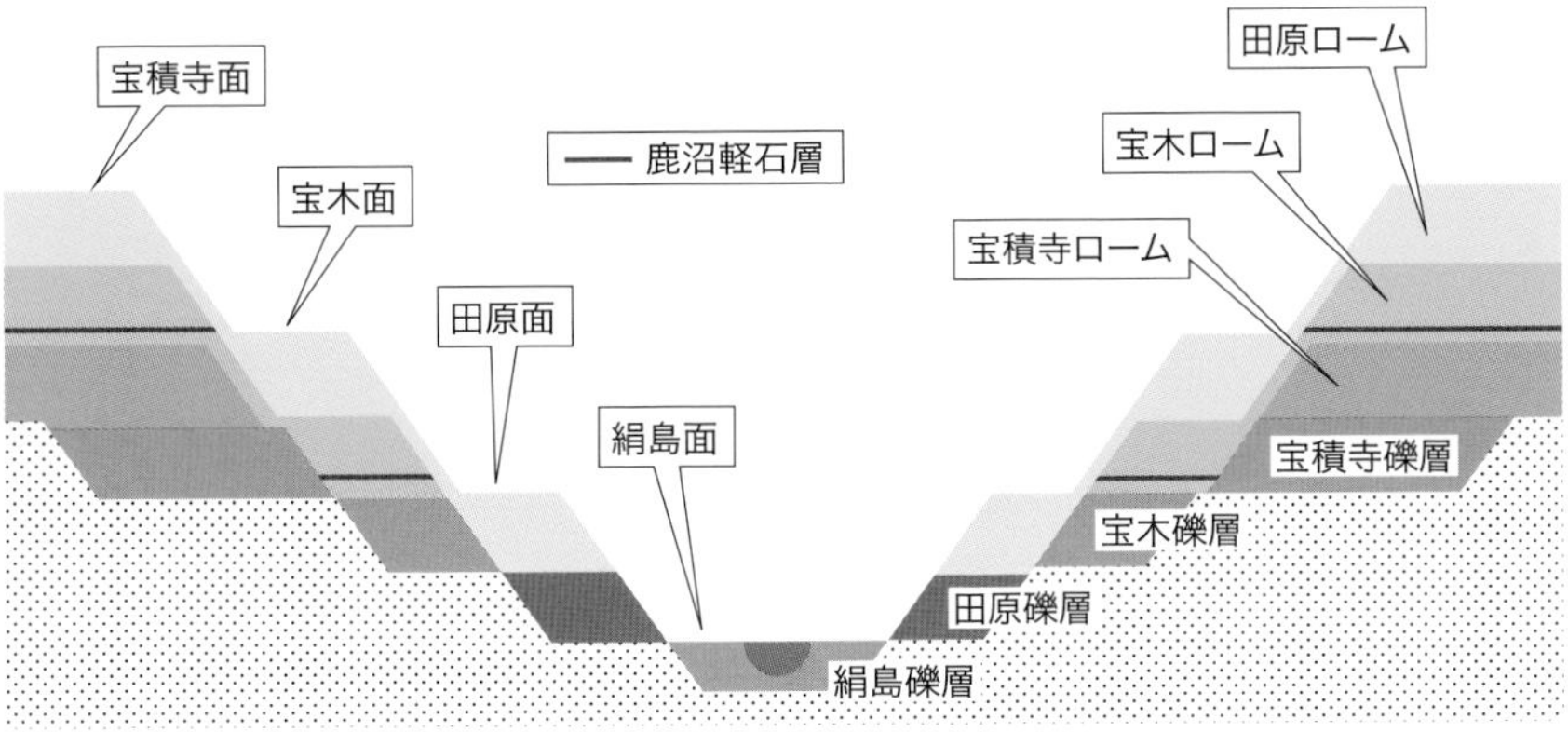

図Ⅰ-11 台地の生成モデル

この下刻の時期に田川の流路は東側に移り、現在の位置を流れるようになったが、その西側の流路の名残りが釜川《かまがわ》である。

このようにして、気の遠くなる様な年月を経て、大谷石の奇岩を平地の脇に見ることができ、人が容易に採石することが可能な条件が整ったのである。

その後、約2万年前から数千年前まで、二度ほど下刻の停滞と再開を繰り返すが、谷あるいは低地の幅が少し広がり、川底が少し下がる程度で、地形的に大きな変化は生じていない。現在私たちが目にする、切り立った奇岩やオーバーハングした崖は、このようにして造られたものなのである。

図Ⅰ-12 現在の日本列島

図Ⅰ-13 オーバーハングする奇岩

2 大谷石の特徴

「大谷石」とは、JR宇都宮駅の北西約8㎞、大谷地区で採れる石の総称で、火山活動によって砕かれた火山灰や岩塊《がんかい》などの火砕物がまとまって堆積して出来た岩石（火砕岩）の一種で、堆積岩に属する。

図Ⅰ-14 大谷石の表面

岩石の名称としては、これまで「流紋岩質角礫凝灰岩《りゅうもんがんしつかくれきぎょうかいがん》」や「流紋岩質軽石《かるいし》凝灰岩」、「流紋岩質溶結《ようけつ》凝灰岩」などと呼ばれていた。

岩石の名前は、その岩石を構成している特徴的な鉱物名に、岩石のでき方や組成を組み合わせて付けられている。大谷石は前述のとおり、火砕岩により構成された堆積岩であり、大谷石をルーペなどで詳しく見てみると、さまざまな鉱物が含まれている。火砕岩は、下表のとおり、構成されている火砕物の粒の大きさによって分類されている。

「大谷石」は、構成する火砕物の大半が64㎜以下の大きさであり、石材として利用される大谷石

粒の大きさ	火砕物	火砕物の割合	主な火山砕屑岩
64mm以上	火山岩塊	総量の2/3以上	火山礫岩
	〃	総量の2/3～1/3	凝灰角礫岩
64mm～2mm	火山礫	総量の2/3以上	ラピリストーン
	〃	総量の2/3未満	火山礫凝灰岩
2mm以下	火山灰	総量の2/3以上	凝灰岩

表Ⅰ-01 岩石分類表

※1：大谷石の説明に「軽石凝灰岩」が使われることが多いが、「大谷石」が2㎜以下の軽石を主体とした岩石と誤認されないためにも、この用語の使用は控えるべきとの指摘がある

図Ⅰ-15 御止山壁面

のほとんどは「火山礫凝灰岩《かざんれきぎょうかいがん》」に相当する。火砕物の主体が軽石であり、それが軽くて柔らかく断熱性が高いなどの「大谷石」の特徴を作り出す要因となっているので、単に「火山礫凝灰岩」と呼ぶのではなく、その特徴をも示す岩石名として「軽石火山礫凝灰岩《かるいしかざんれきぎょうかいがん》」を用いるのが適切である※1。

「大谷石」は、宇都宮市の北西部に広がる大谷層と呼ばれる地層群の中の厚さ200ｍほどの軽石火山礫凝灰岩層から採掘されている。軽石火山礫凝灰岩からなる地層として一括しており、明らかな層の境がなく変化している。しかし、地層の下部から上部にかけて火砕物の種類やサイズ、また「ミソ」と呼ばれる物の量やサイズが変化しており、見た目や石質で細かく分類されている。

各層の特徴について

中部層下部（Ｖ層下部）【硬質荒《あら》目《め》石】最下部では、安山岩《あんざんがん》や流《りゅう》紋岩《もんがん》の岩片を多量に含み、気泡が少なく低発泡で重い軽石が主体になっている。

中部層中部（Ｖ層上部）Ｖ層下部から上位に向かって軽石の気泡は多く、大きくなり高発泡で軽い軽石となり岩片の量は減少する。

中部層上部（Ⅳ層）【軟質荒《なんしつあら》目《め》石】岩片がほとんど入らなくなった辺りから「ミソ」が目立つようになり、軽石の大きさは下位より大きくなって握りこぶし程度のものも見られるようになる。

上部層下部（Ⅲ層）【細目《さいめ》石】Ⅳ層より、さらに上位に向うと、軽石は直径が数cmで高発泡のものばかりになり、「ミソ」の大きさも小さくなって均等に散らばるようになる。

上部層上部（Ⅱ層）最上部で

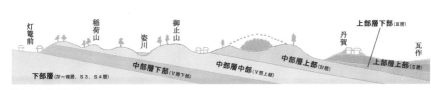

図Ⅰ-16 大谷石の地層

は、軽石も「ミソ」もより細粒になると共に、同質同径の「ミソ」が横に並び、境界が不明瞭な縞《しま》模様が見えるようになる。

I層　この上位には直径約2㎝以下の非常に発泡の良い軽石からなる礫岩《れきがん》層が積み重なる。

S1層　さらに上位には砂状の粉末になった軽石が集まった砂岩層になっている。

各層の厚さは、境界が漸移《ぜんい》的であるため厳密には決められないが、採掘地域ごとにかなりの違いが認められる。上下方向の変化や場所による違いは、「大谷石」のもとになる火砕物の運ばれ方と堆積した場所の環境差により生じたものである。

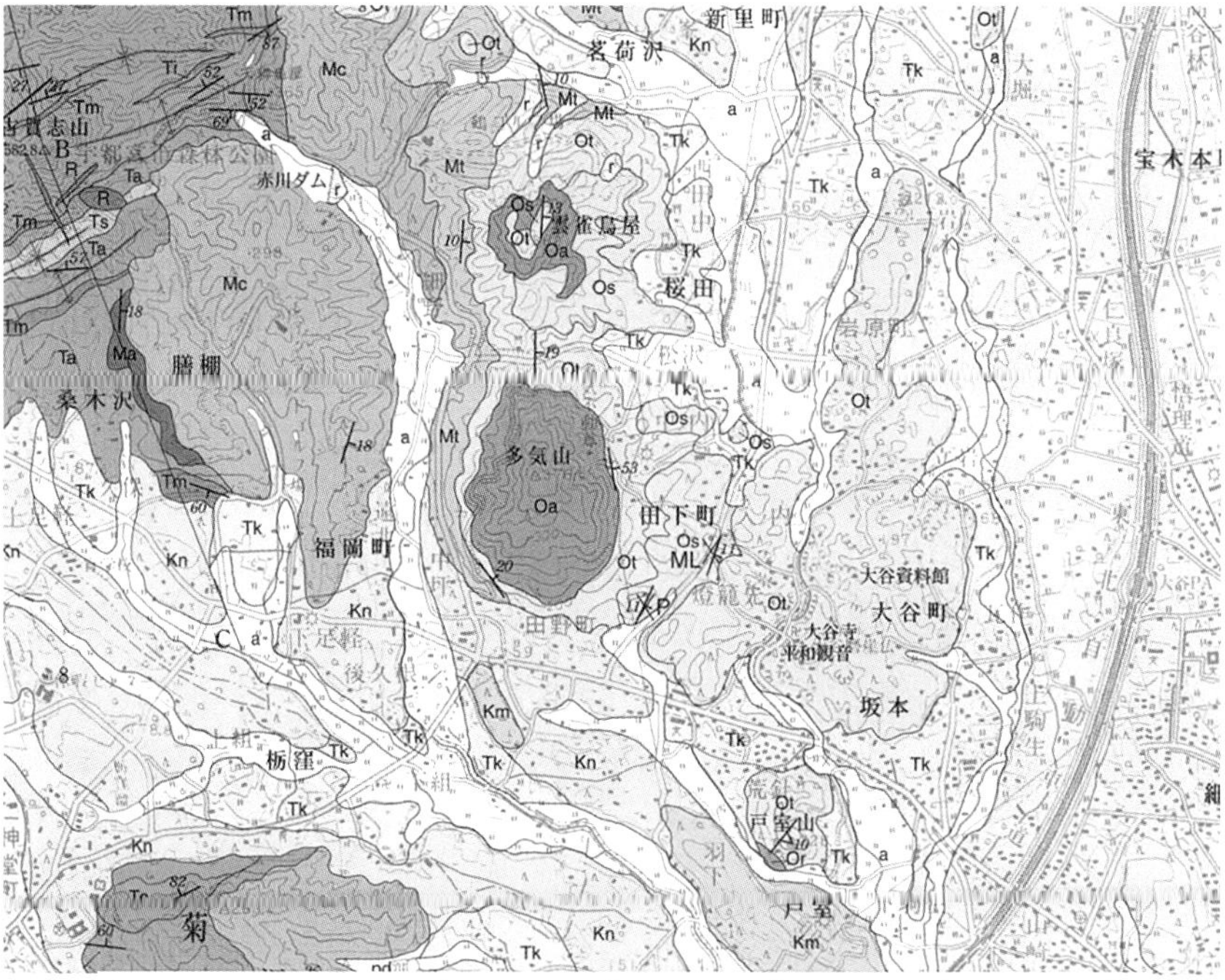

第四紀層
a: 沖積層
Tk: 宝木段丘
Kn: 鹿沼段丘
Km: 上欠段丘

大谷層
Or: 流紋岩質溶岩
Oa: 安山岩・デイサイト
Os: 凝灰質砂岩・シルト岩
Ot: 凝灰岩

茗荷沢層
Mc: 礫岩・角礫岩・砂岩
Mt: デイサイト凝灰岩

ジュラ紀層
Ta: 砂岩泥岩互層
Tm: 泥岩

独立行政法人産業技術総合研究所 地質調査総合センター 宇都宮1:50,000 NJ-54-30-1 7-103

図図I－17 大谷付近の地質図

大谷石の「ミソ」について

大谷石層には層理《そうり》が認めづらいが、断面には、一般に「ミソ」と言われる大小の褐色の斑点が見られる。この斑点を近くで観察すると、そのなかには粘りのある粘土が含まれており、層状に分布していることから、大谷石層の傾斜や走向を確認することができる。

図Ⅰ-18　大谷石の「ミソ」

「ミソ」の成分はモンモリロナイトと言われる粘土鉱物やクリノプチロライト（沸石《ふっせき》※2の仲間）、曹長石《そうちょうせき》などの鉱物から成り、天然ガラスなどがグリーンタフ変動時に変質したものと言われている。

「ミソ」は風化速度が速く、採石直後は緑色だが、空気に触れると赤褐色《せきかっしょく》に変色する。

時間の経過により水分を吸収すると溶脱《ようだつ》したり、乾燥すると収縮・粉化したりして、その部分から「ミソ」が脱出して穴が開くが、これを「ミソ穴」と呼ぶ。

「ミソ」は大谷石の等級の指標となり、大きい「荒目《あらめ》」は過去に建築物の基礎に使用されるなど強度を有するが、大きな「ミソ穴」が目立つ。「ミソ」が小さい「細目《さいめ》」は高級品とされるが、強度は「荒目」より劣り風化しやすい。

採石にあたっては、「ミソ」の少ない層をねらって掘り進めていく※3のである。

自然岩壁に見られる大小の穴について

大谷寺の伝説の一つ「弘法大師の蜂退治」は、岩壁の無数の穴が蜂の巣に見えたことに由来すると思われる。これらの穴は、これまで「ミソ」が溶脱した跡と考えられていたが、近年の研究では「タフォニ」と呼ばれる風化による穴であると考えられている。

タフォニは、砂岩や凝灰岩、石灰岩などに形成され、砂漠などの乾燥地域や、海水飛沫《ひまつ》を受けやすい海岸地域でよく見られ、さらに内陸の山間部でも広く確認されている。その生成メカニズムは、岩の内部に浸み込んでいた塩類《えんるい》が

※2：ゼオライトとも呼ばれ、濾過材《ろかざい》や脱水剤、化粧品のファンデーションの材料としても使われている

※3：この壁面を掘る技術が「垣根掘り」である

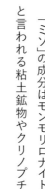

析出《せきしゅつ》※4し、その圧力によって岩の表面を少しずつ剥離《はくり》※5させ、空洞が広がっていったものと考えられている。海岸付近にタフォニが見られる理由は、海水の飛沫が常に塩類を岩に供給していることによる。しかし山間部に形成されるタフォニについては、太古に海に沈んでいた頃、堆積岩が形成される際に塩類が取り込まれ、陸化した後に大気にさらされて風化が起きて生じたものと考えられる。

洞窟《どうくつ》状の地形のでき方について

大谷石の自然の岩壁には、垂直以上に庇《ひさし》のように覆いかぶさる斜面(オーバーハング)を目にする。代表的な箇所としては、大谷寺の仏像が彫られている壁面であり、建物はこれら半洞穴状のオーバーハングに取り込まれるように建っている。ほかにもセンニン洞や遠見崎《とおみざき》(本書93ページ)の壁面もオーバーハングをしている。これは直下を流れる姿川が太古に浸食してできた地形と考えがちであるが、これも大谷石ならではの独特な形成過程で出来上がったものである。

図Ⅰ-19-a　大谷寺上部の浸食穴とタフォニ

Ⅰ-19-c　タフォニとミゾの様子

Ⅰ-19-b　タフォニの拡大

※4：液体から固体が生成される現象
(例)食塩水を放置しておくと塩の結晶が析出する

※5：塩類風化と言う

図Ⅰ-20-a　センニン洞のタフォニ

図Ⅰ-20-b　遠見崎のオーバーハング

大谷石は多孔質でかなり均質な岩石であることから、谷底の地下水が豊富なところから、毛細管現《もうさいかんげん》象《しょう》※6により、岩体にいつも水分が供給されている。この水分による冬季の凍結などの風化作用により、下部ほど斜面の破壊が起きて、オーバーハング斜面や半洞窟状斜面が形成されるものと思われる。

「石の華《はな》」について

大谷石の表面に、ふわふわとした白い、まるで霜柱《しもばしら》のような結晶をみることがある。近年ではこれを「石の華」と呼び、大谷観光の特色のひとつとして取り上げられている。昔の石工たちはこれを「いわしお」と呼び、経験的に塩類の析出物であるということは知っていたようである。空気の乾燥した冬季に目立ち始め、4月から5月頃にかけて大きく成長し、非常に細かい大谷石粉を浮き上がらせる。そして6月頃から梅雨の時期に入り、空気中の湿度が上昇してくると消えてしまう。

この結晶は、前述した塩類風化により析出した、ミラビル石（芒硝《ぼうしょう》石《せき》）と言われる沸石の一種で、水に溶けるため、乾燥した冬にしか見られないのはこのためである。ミラビル石は乾燥すると脱水分解してテナルド石に変化するが、見た目ではわからない。

図Ⅰ-21　石の華（写真提供：大谷グリーンツーリズム推進協議会）

※6：細い管状の物体の内部の液体が重力に逆らって上昇する現象

陸地が動く理由とは？

伊豆半島は以前は島で、はるか南の海からやってきたというと皆さんは耳を疑うかもしれない。

日本列島をはじめ陸地は、地球の表面を覆う厚さ100㎞ほどのプレートと言われる岩盤の上に乗っている。その下部のマントルは極めてゆっくりと流動しているため、陸地は年間数センチの速さで動いている。これは地球の深部にある高温のマグマが対流しているためである。日本はユーラシアプレートと北米プレートに乗っていて、東から太平洋プレートと南からフィリピン海プレートに押されている。

約2,000万年前、伊豆半島の基はフィリピン海プレートの上にできた海底火山や火山島で、本州から数百㎞も南にあった。それがプレートの動きに乗って北に移動し、今から約60万年前に、本州の現在の位置に衝突して伊豆半島になったのである。同じく小笠原諸島の基になる海底火山も、今から4,800万年前には赤道近くにあり、現在も本州に向かって年間約5㎝ずつ動いているとされている。この島々の中の伊豆大島で考えると、本州までの距離を約25㎞とすると、約50万年後には伊豆半島のように本州に衝突することになるのである。

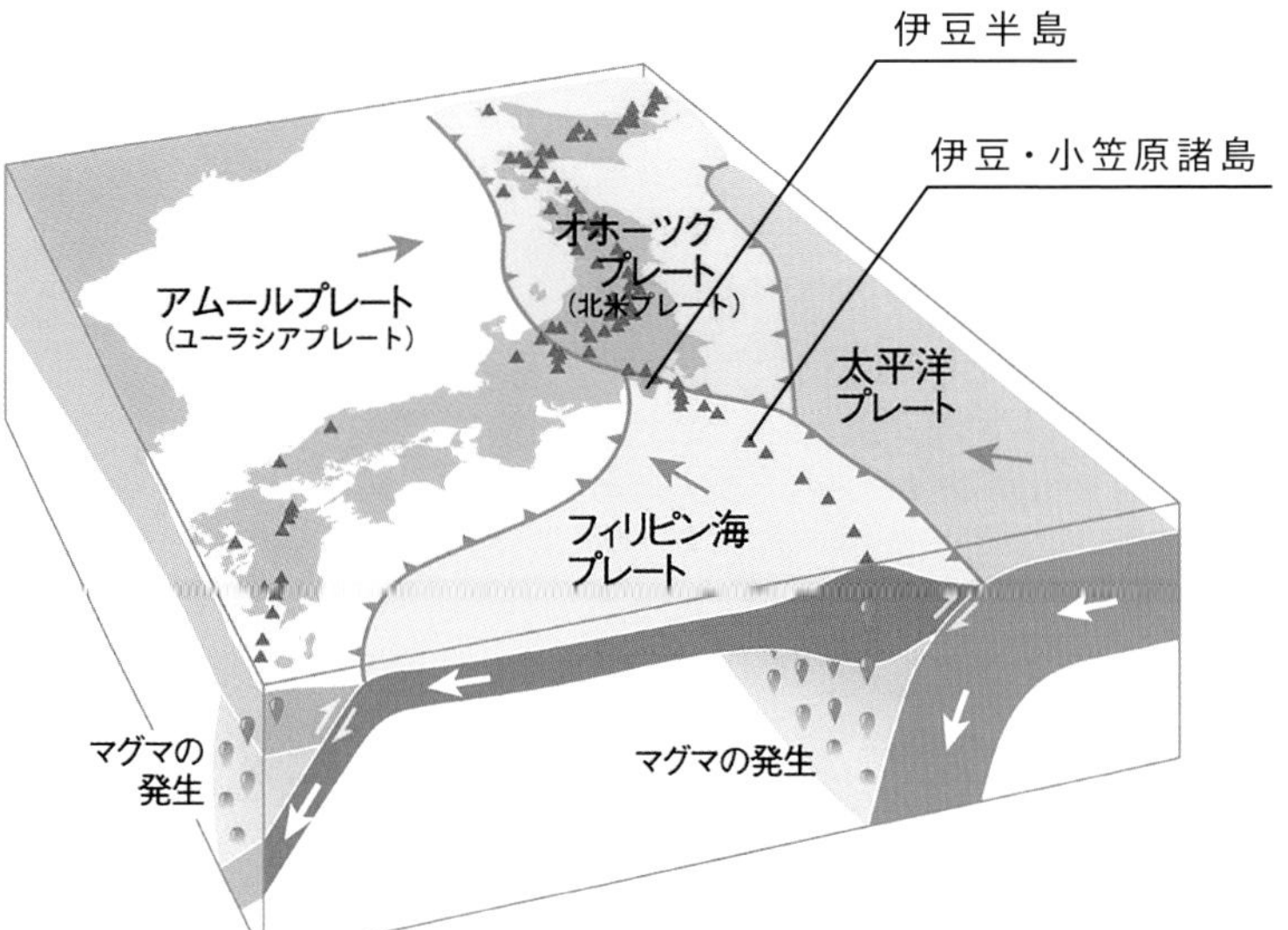

日本列島の地下の様子（「伊豆半島ジオパーク」HPを基に作成）

第II章

大谷石と人との出会い

大谷寺境内

1 大谷石に初めて触れた縄文人

大谷石と縄文人の出会い

人と大谷石との出会いはいつの頃からだろうか。

昭和40（1965）年、大谷寺の磨崖仏《まがいぶつ》を火災などから守るために防災工事が行われ、それに先立ち、大谷《おおや》寺《じ》洞穴《どうけつ》遺跡《いせき》の発掘調査が行われた。

この遺跡は、姿川の左岸に立地し、洞穴の大きさは、幅が約30m、奥行き約13m、高さが約12mで、南西方向に開口する。

大谷寺は、洞穴寺院として知られ、洞穴内の凝灰岩の壁面には、奈良時代から平安時代にかけての10躯《く》の磨崖仏が彫られている。調査は、その足元に堆積した厚さ約3mの土を層位ごとに掘り下げていった。その結果、縄文時代草創《そうそう》期《き》から弥生時代中期までと奈良時代から室町時代にかけての遺物が発見された。

特に注目されるのは「大谷寺式」と呼ばれる縄文時代草創期の土器群で、本県の縄文時代のはじまりを考える上で貴重な資料である。その中で一番古い大谷寺Ⅰ式土器（隆《りゅう》起《き》線文《せんもん》土器《どき》）は土器の表面に細い粘土紐《ねんどひも》を複数貼りめぐらすもので（図Ⅱ－01）、今から約1万2000年前のものと考えられている。

時代は氷河期が終わりをつげ、気候が徐々に温暖化する頃で、縄文人はこの洞窟《どうくつ》を見つけ生活の場として利用していたのだ。

図Ⅱ－01　大谷寺Ⅰ式土器

図Ⅱ－02　大谷寺洞穴遺跡

土器以外にも狩猟具《しゅりょうぐ》として使ったと思われる槍先《やりさき》の尖頭器《せんとうき》や掻《か》きとったり削ったりするスクレイパーなどの石器のほか、シカ・イノシシ・タヌキ・ムササビなどの動物の骨や、淡水産のイシガイ・カワニナ、海水産のシオフキ、ハマグリ、ハイガイなどが見つかっている。獣骨《じゅうこつ》は細かく砕かれたものが多く、中には火を受けて焼けた骨もあり、食用となったものと考えられ、当時の人々の食生活を知ることができる。

　また、犬の骨も見つかっているが、これは食用でなく、猟犬として飼われていたものと考えられる。犬は縄文人にとって狩猟を行う際に欠かせない存在であった。

　これらの遺物は、洞窟内で暮らす縄文人の暮らしを私たちに教えてくれる。

<table>
<tr><th colspan="2">層位</th><th>時代</th><th>出土遺物</th></tr>
<tr><td colspan="2">盛土</td><td>室町以降</td><td>経石
仏器(天文20年銘)</td></tr>
<tr><td rowspan="2">第1層</td><td>上部</td><td>奈良〜鎌倉</td><td>土師器・須恵器・古銭(富寿神宝)
懸仏</td></tr>
<tr><td>下部</td><td>縄文前期〜弥生</td><td>弥生土器
縄文土器(前期〜晩期)
一括遺棄人骨(5体分)</td></tr>
<tr><td colspan="2">第1灰層</td><td rowspan="4">縄文早期</td><td>茅山式土器
屈葬人骨(1体)</td></tr>
<tr><td colspan="2">第2層
(黒褐色腐食土)</td><td rowspan="2">田戸下層式土器
押型文土器</td></tr>
<tr><td colspan="2">第2灰層</td></tr>
<tr><td colspan="2" rowspan="2">第3層
(暗褐色腐食土)</td><td>井草式土器</td></tr>
<tr><td rowspan="3">縄文草創期</td><td>多縄文系土器
(大谷寺Ⅲ式)</td></tr>
<tr><td colspan="2">第4層
(褐色腐食土)</td><td>稀少縄文系土器
(大谷寺Ⅱ式)</td></tr>
<tr><td colspan="2">第5層
(黄褐色礫土)</td><td>隆起線文土器
(大谷寺Ⅰ式)</td></tr>
<tr><td colspan="2">第6層
(灰黄色砂礫)</td><td></td><td>未調査</td></tr>
</table>

表Ⅱ- 01　大谷寺洞穴遺跡層位模式図

図Ⅱ- 04　大谷寺洞穴遺跡周辺にいた動物たち

図Ⅱ- 03　狩猟の様子

貴重な人骨の発見

洞窟内からは複数の縄文人骨が見つかっている。縄文時代早期の地層（第1灰層）からは20歳前後の男性と推定される人骨が一体出土している。身長は154・6㎝で、歯の鉗子状咬合《かんしじょうこうごう》※1が認められ、頭を上から見た形を表す頭型は短頭型に近い中頭型であるとの鑑定がなされている。この人骨は洞穴の奥壁近くで、手足を曲げて横向きに葬られていた（側臥屈葬《そくがくっそう》）。頭蓋骨は顔を立てて左を向いている状態であることから、無理に曲げられたとの指摘がある。栃木県立博物館では、人骨の保存処理と自然科学的調査に併せて、復顔《ふくがん》製作も行っている（図Ⅱ－07）。

このほかに、第1層下部から成人女性3体、幼児（4才前後）1体、乳児1体の計5体分の人骨が出土している。これらの骨の中には、切創痕《せっそうこん》や骨破壊《こつはかい》の痕跡《こんせき》が見られるものがあり、食人《しょくじん》の風習があったのではないかとの分析がある。

この洞窟は住居としての利用だけでなく、墓地としても使用されていた。

図Ⅱ－05 人骨出土時の調査風景（写真提供：栃木県立博物館）

図Ⅱ－06 保存処理後の屈葬人骨
（写真提供：栃木県立博物館）

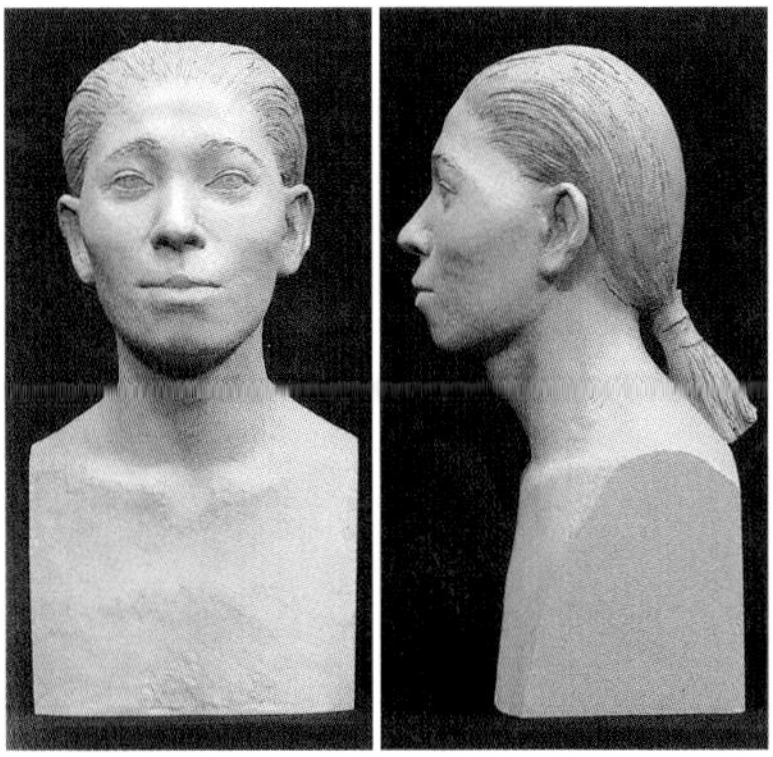

図Ⅱ－07 屈葬人骨の復顔模型
（写真提供：栃木県立博物館）

※1：歯の噛み合わせが毛抜のように上下の前歯の切端が咬み合っている形状

大谷寺洞穴遺跡と周辺遺跡

大谷寺洞穴遺跡の第1層下部からは、縄文時代前期の土器（関山《せきやま》式・黒浜《くろはま》式・諸磯《もろいそ》式）、中期の土器（加曽利《かそり》E式）、後期の土器（堀之内《ほりのうち》式・加曽利B式・安行《あんぎょう》I式）、晩期の土器（大洞《おおぼら》式）が出土している。これらの土器は、型式学的に連続していないことから、1万年近い縄文時代において、常に縄文人がこの洞窟を使用していたわけではないことがわかる。

大谷寺洞穴遺跡の周辺に目を転じてみると、西方約700mのところに所在する割田《わった》遺跡でも縄文時代前期の土器片（黒浜式・諸磯式）が見つかっている。この遺跡からは土器のほかに北陸地方からの搬入品の可能性がある蛇紋岩《じゃもんがん》製の箆状垂飾《へらじょうたれかざ》りが出土している。

また、姿川を7㎞ほど下った台地上に所在する縄文時代前期（黒浜式・諸磯式）の根古谷台《ねごやだい》遺跡からは、その素材が大陸由来の可能性が指摘されている玦状耳飾《けつじょうみみかざ》りや管玉《くだたま》が出土している。この地域の縄文人が他地域と交流していた様子を窺《うかが》い知ることができる。

このほかにも周辺には、瓦作《かわらさく》遺跡（草創期～前期）、上《うえ》の原《はら》遺跡（前期・中期）など縄文時代の遺跡が姿川流域の丘陵上に点在する。大谷石の山々を駆け巡り、豊かな文化を形成した縄文人の姿を思い浮かべることができる。

図Ⅱ－08 割田遺跡出土の箆状垂飾り

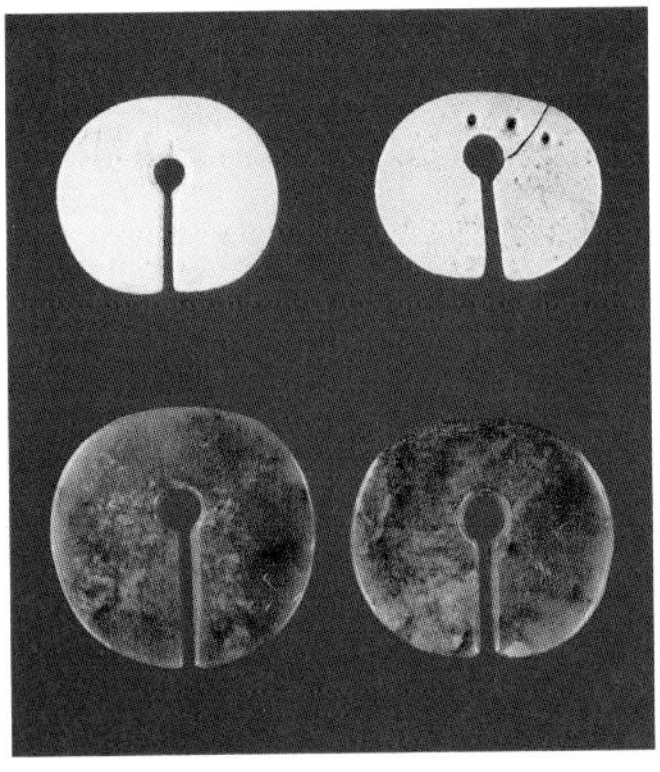
図Ⅱ－10 根古谷台遺跡出土の玦状耳飾り（国指定重要文化財）

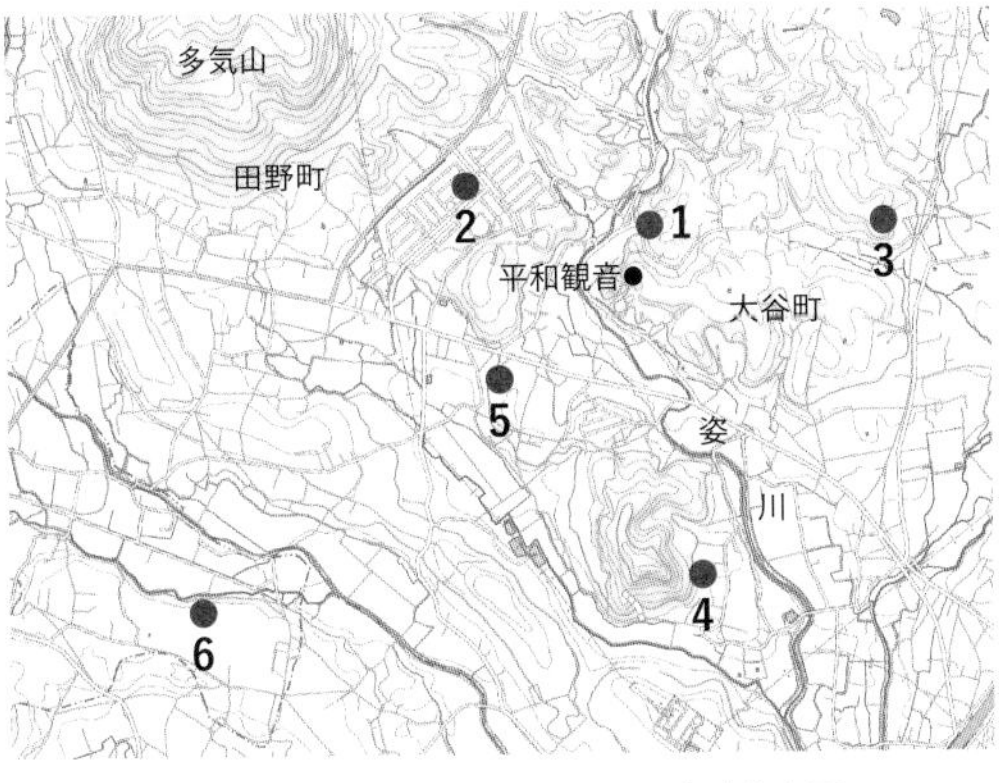

図Ⅱ－09 大谷寺洞穴遺跡周辺の縄文時代の遺跡分布図
1大谷寺洞穴遺跡　2割田遺跡　3瓦作遺跡　4上の原遺跡
5漆久保遺跡　6栃窪石神遺跡

2 古墳時代の人々の凝灰岩利用

掘り出した石を古墳に使用

平成4（1992）年、多気山南側の丘陵上に住宅団地の造成が計画され、それに先立ち割田遺跡の発掘調査が行われた。この遺跡からは、縄文時代や弥生時代の遺物が見つかったほか、古墳時代後期の古墳が9基と戦国時代の堀跡が確認された（図Ⅱ-11）。古墳の埋葬施設はすべて横穴式石室で、その奥壁《おくへき》や側壁《そくへき》などに、この地で産出する凝灰岩（大谷石）が使われている（図Ⅱ-12）。

　また、この遺跡から南東約2㎞のところに所在する上の原8号墳でも凝灰岩（大谷石）を使用した横穴式石室がみつかっている（図Ⅱ-13）。

　宇都宮市内で凝灰岩の露頭《ろとう》が見られる場所は、姿川上流域や田川上流域等がある。そのうち、古墳時代に関係すると思われるのは姿川流域の大谷石が産出する大谷町付

図Ⅱ-11 割田遺跡全景

図Ⅱ-13 上の原8号墳の石室

図Ⅱ-12 割田7号墳の石室（奥壁と天井石・側壁の一部に凝灰岩を使用）

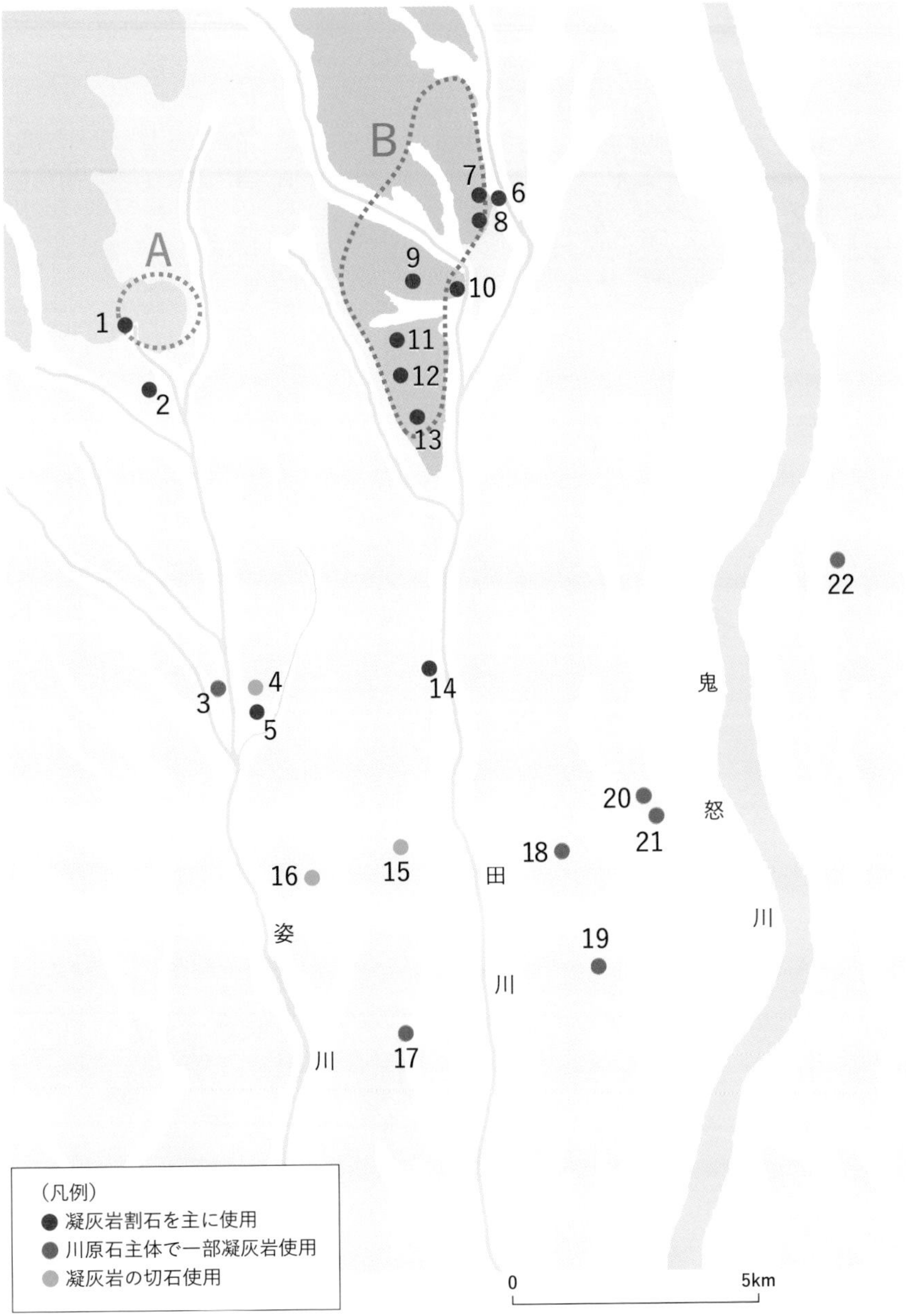

図Ⅱ-14　石室に凝灰岩を使用した古墳分布図
1割田古墳群　2上の原古墳群　3聖山1号墳　4下砥上愛宕神社古墳　5下砥上1号墳　6塚原古墳群
7高山古墳　8北山古墳群　9瓦塚古墳　10谷口山古墳　11戸祭大塚古墳　12山本山2号墳　13八幡山1号墳
14本村2号墳　15十里木古墳　16針ヶ谷古墳群　17西下谷田1号墳　18琴平塚古墳群　19西赤堀6号墳
20根本西台古墳群　21成願寺第100号墳　22竹下浅間山古墳

近（以下A）と田川流域の長岡石や戸祭石が産出する宇都宮北部丘陵（以下B）の2カ所がある（図Ⅱ－14）。

6世紀中頃以降、本地域では横穴式石室が導入され、多くの古墳で石室に凝灰岩が使用される。

AとBのエリア内の古墳の石室は、現地で調達できる凝灰岩の割石を主に使用するものが多いのに対し、Aの下流域にあたる古墳の石室には割石《わりいし》に加工を加えた切石《きりいし》を使用するものがみられ、Bの下流域にあたる古墳の石室には川原石を側壁《そくへき》に使用し、奥壁《おくき》や玄門《げんもん》などの一部に凝灰岩を使用するものが多く見られる。

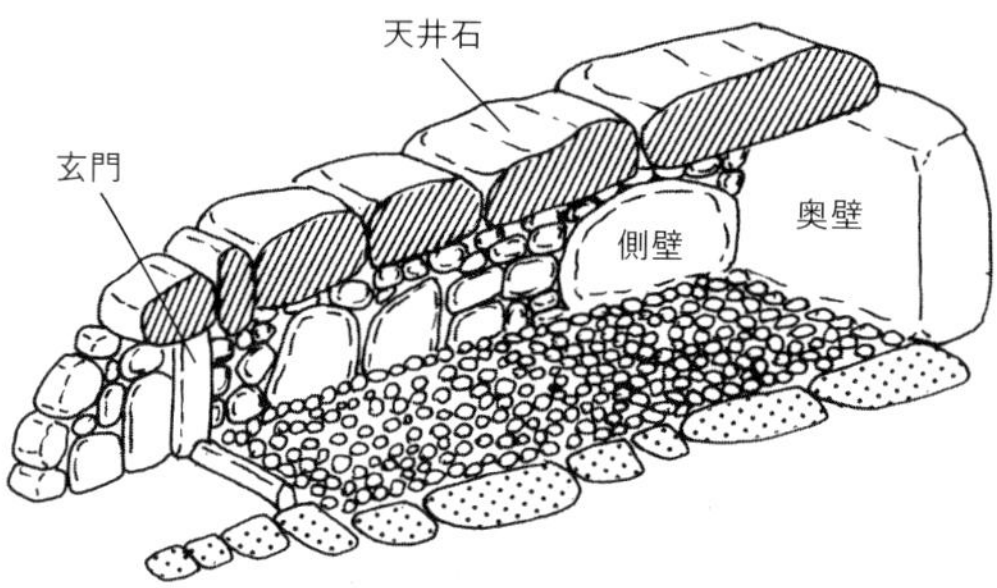

図Ⅱ－15 横穴式石室模式図

凝灰岩の産出するエリア内にある古墳とそこから離れた場所にある古墳とでは、加工の度合いや石室内での限定的な使用などその使われ方に差があることがわかる。

市内で凝灰岩を使って石室をつくった早い事例は、5世紀末の本村2号墳の竪穴式石室がある（図Ⅱ－16）。この古墳のすぐ近くを田川が流れており、使われた凝灰岩は、上流の長岡から川を利用し運ばれた可能性が高い。

それでは、A　Bで産出した凝灰岩はどこまで運ばれ利用されたのであろうか。

小山市にある寺野東《てらのひがし》16号墳や18号墳の石室の天井石にも凝灰岩が使用されている。これらの古墳は田川の下流域にあたることから、上流のB地域で産出したものを使用した可能性が高い。B地点からの距離は約30㎞と離れている。

図Ⅱ－16 本村2号墳の竪穴式石室

このように、産地から河川を利用して運ばれたと推定されるものがある一方、竹下浅間山古墳《たけしたせんげんやまこふん》のように鬼怒川を越えて運ばれている事例もあり、陸路によって運ばれたものもあったと考えられる。

B地域内には、凝灰岩の壁面に直接横穴を掘り、墓穴とした長《なが》岡百穴《おかひゃくあな》古墳が所在する。(図Ⅱ−17)

長岡百穴古墳は、大きく2群に分かれ、西群8基、東群44基、合わせて52基あり、ほぼ3段に掘り込まれ、そのすべてが南側に開口している。築造時期は出土遺物が無いため不明であるが、県内のほかの横穴墓と同様に7世紀代に造られたものと考えられる。

このように、この地に住む古墳時代の人々は、切り出しやすく、加工もしやすい凝灰岩を見つけ、古墳の石室の石材として利用していた。なお、切り出し・加工の作業には鉄器が欠かせないことから、古墳時代以降の鉄器の普及が、凝灰岩利用促進に一役かっていたものといえる。

図Ⅱ−17　長岡百穴古墳遠景

掘り出した石をカマドに使用

古墳の石室と同様に竪穴住居跡のカマドの部材としても凝灰岩は使用された。

本地域では、古代の住まいである竪穴住居の火処《ひどころ》として5世紀末前後に、それまでの炉(イロリ)からカマドへと変化する。カマドの初源的なものとしては、茂原《もばら》町の権現山北《ごんげんやまきた》遺跡や東谷《とうや》・中島地区の立野《たての》遺跡等があるが、その時期から一部の限られた住居ではカマドの焚口《たきぐち》部分の補強材として凝灰岩が使われ始めている。

立野遺跡のSI−3は、一辺が12mの大型の竪穴住居跡で、そのカマドは凝灰岩を板状に切って組み合わせた特殊な造り方をしている(図Ⅱ−19)。このため煮炊き用のカマドではなく暖房用としてつくられたとの指摘がある。

　カマドへの凝灰岩使用事例は6世紀以降増えるが、B地域の近くの集落跡である北《きた》の前《まえ》・前田《まえだ》遺跡では、ほかの遺跡における凝灰岩のカマド使用が数例であるのに対し、6世紀末から10世紀前半にかけて32軒と多くの住居跡での使用が確認でき、産出地に近いことがその要因と考えられる。

　また、県内に目を転じると、田川下流域にあたる小山市の寺野東遺跡でも使用が見られるほか、小貝川流域や荒川流域など凝灰岩を産出する周辺の遺跡でもカマドに凝灰岩を使用する事例が確認できる。

　古代人は比較的軽く、耐火性に強い凝灰岩を見い出し、カマドの部材としても利用していたのだ。

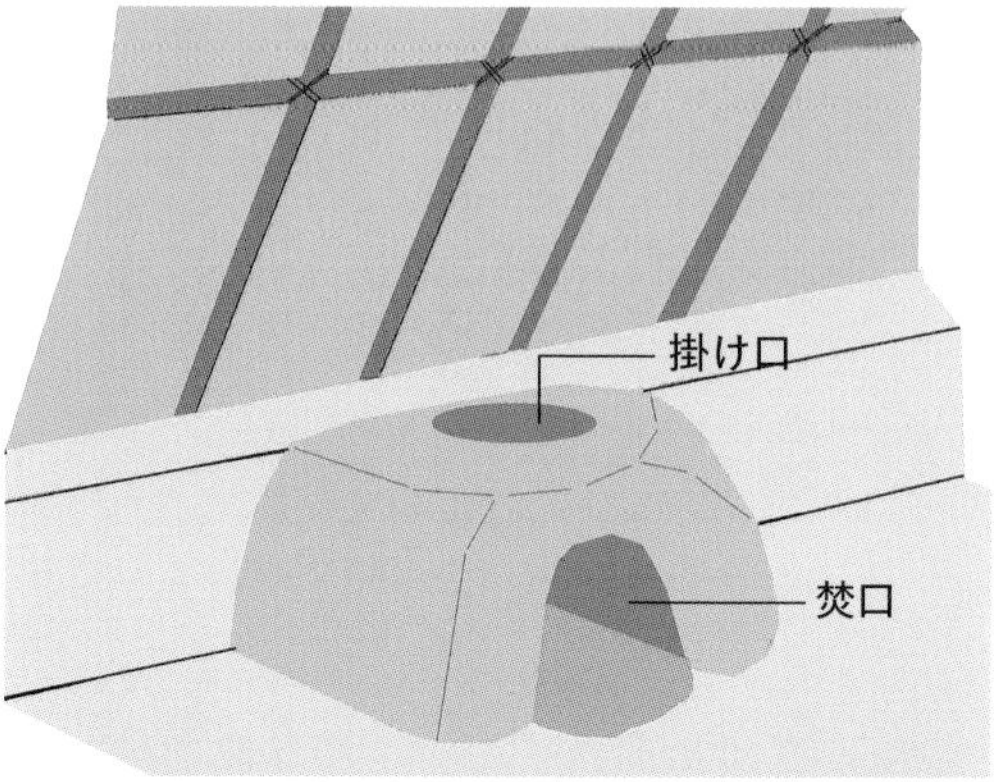

（上）図Ⅱ-18　カマド（イラスト）
（中）図Ⅱ-19　立野遺跡SI-3カマド
（下）図Ⅱ-20　西下谷田遺跡カマド

3 大谷石と古代の信仰

大谷石の岩窟に彫られた仏像

大谷観音の名で知られる天開山大谷寺は天台宗の寺院である。

凝灰岩の洞穴内に観音堂と脇堂が建てられた大変珍しい洞穴寺院で、その凝灰岩の壁面には、千手《せんじゅ》観音菩薩立像《かんのんぼさつりゅうぞう》・伝釈迦三尊像《でんしゃかさんぞんぞう》・伝《でん》薬師三尊像《やくしさんぞんぞう》・伝阿弥陀三尊像《でんあみださんぞんぞう》の10躯《く》の磨崖仏が浮き彫りされている。昭和29（1954）年に国の特別史跡、さらに昭和36（1961）年に重要文化財に指定され、二重に指定された貴重な文化財である。

本尊である千手観音菩薩立像は、「大谷観音」の名で親しまれている。

第一龕《がん》とされる長方形の龕※1の中に、像高が約4mの高肉彫りされた均整の取れた仏像が彫られている。以前は、岩肌に朱《しゅ》が塗られ、その上から粘土で細かな化粧をし、さらに漆《うるし》を塗り最後に金箔《きんぱく》が施され、黄金に輝いていたことが調査の結果わかっている。これまでは平安時代初期の作といわれてきたが、近年、律令国家の命を受けた官営造所の仏工の指導のもと、大陸の伝統的な技法によって奈良時代末期に造られたとの見解が示されている。

本堂に隣接する脇堂には、向かって右側から伝釈迦三尊像（第二龕）・伝薬師三尊像（第三龕）・伝阿弥陀三尊像（第四龕）が彫られている（図Ⅱ－25）。

第二龕の中尊《ちゅうそん》像は、二重円光《にじゅうえんこう》を光背《こうはい》にした如来《にょらい》形坐像、左脇侍《わきじ》は菩薩《ぼさつ》形立像、右脇侍は僧形立像で、寺伝では釈迦三尊像と呼ばれている。

第二龕と第四龕の間の下方に位置する第三龕の中尊像は、如来形坐像、左脇侍と右脇侍は菩薩形立像で、寺伝では薬師三尊像と呼ばれている。

※1：本来は仏像を納める厨子をいうが、ここでは石仏を彫るために整形された区画のこと

図Ⅱ－21 千手観音菩薩立像（大谷観音）

図Ⅱ- 24 伝阿弥陀三尊像

図Ⅱ- 22 伝釈迦三尊像

図Ⅱ－23 伝薬師三尊像

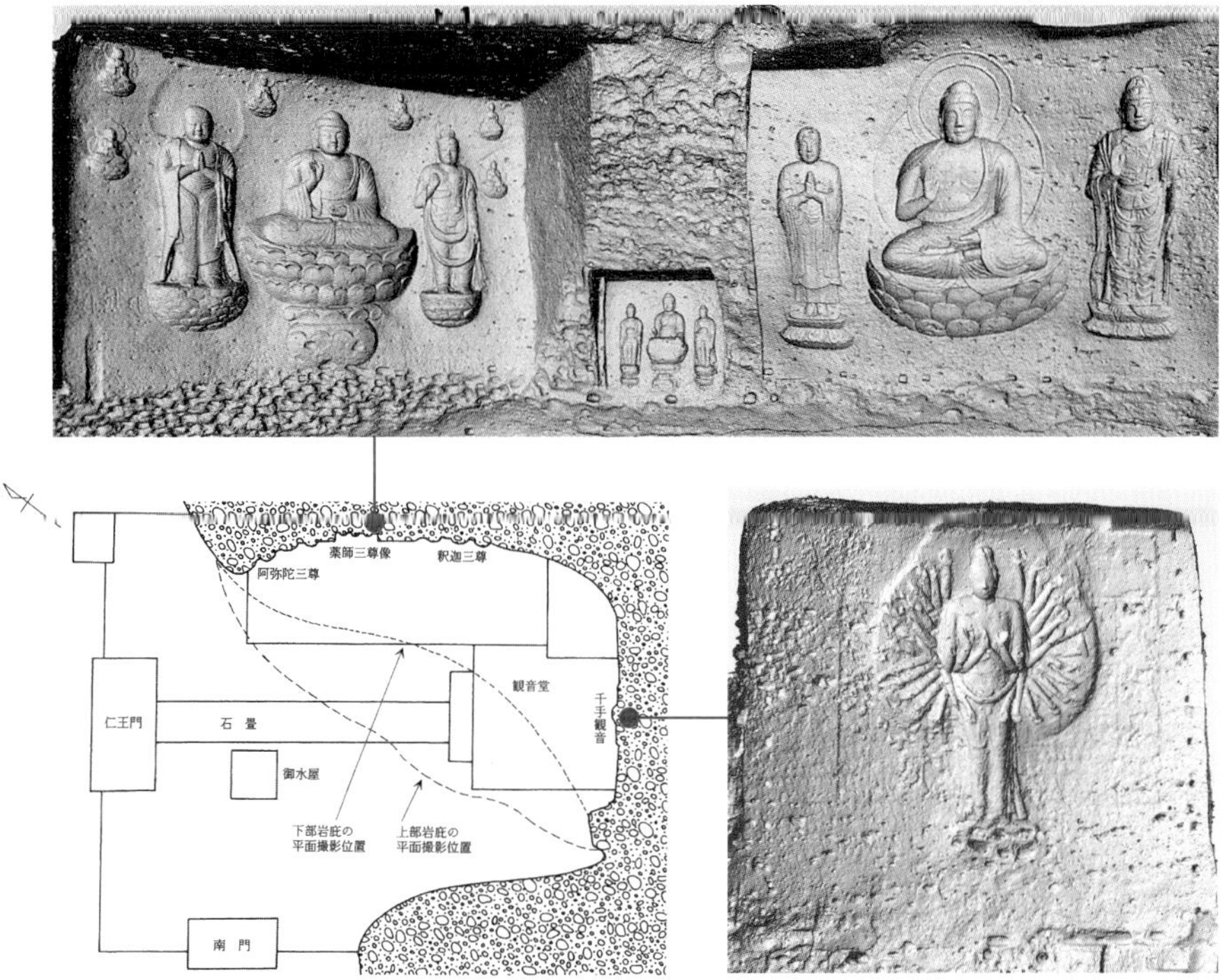

図Ⅱ- 25 大谷磨崖仏3D計測及び配置図（3D画像提供：栃木県立博物館）

第四龕の中尊像は、二重円光を光背にした如来形坐像、左脇侍は菩薩形立像、右脇侍は僧形立像で、寺伝では阿弥陀三尊像と呼ばれている。

　これらの仏像の造像年代には、諸説あり、本尊である千手観音菩薩立像を最初の造営とする説と、その造像位置がほかの仏像と違う伝薬師三尊像を最初とする説がある。いずれの説においても近年の研究では、造営の始まりは従来の平安時代初期ではなく奈良時代末（8世紀末）まで遡る。

　ところで、磨崖仏が造営された時期と併行する洞窟内に堆積した土層（第1層上部）からは、古代の土師器《はじき》・須恵器《すえき》片のほかに皇朝《こうちょう》十二銭《じゅうにせん》の一つである「富壽神宝《ふじゅしんぽう》」が出土している。「富壽神宝」は鋳《ちゅう》造《ぞう》年が弘仁《こうにん》9（818）年である。県内で皇朝十二銭が出土しているのは下野《しもつけ》国分寺東門の版築土《はんちくど》の中から「富壽神宝」、上三川《かみのかわ》町島田遺跡の竪穴住居跡カマド付近から「和同開珎《わどうかいちん》（「わどうかいほう」とも）」など数点である。古代の銭貨の機能としては、当然ながら交換手段などの経済的な性格があるが、宝物や呪《じゅ》物《ぶつ》としての取り扱いも考えられる。大谷寺出土のものは後者の用途として使われたものと思われる。

磨崖仏が造られた頃の下野国

　なぜ、大谷の地に磨崖仏が造られたのだろう。

　千手観音菩薩立像が造像された8世紀末頃の出来事としては、勝《しょう》道上人《どうしょうにん》※2が観音菩薩の浄土である補陀洛《ふだらく》山（男体山）の登頂を再三試み、天応《てんおう》2（782）年に登頂に成功する（表Ⅱ－02参照）。

　勝道に関する伝記『補陀洛山建立修行日記』には、三戒壇《さんかいだん》※3のひとつである下野薬師寺において、鑑《がん》真和上《じんわじょう》※4の弟子である如宝《にょほう》※5から戒《かい》を受けたとある。

　そして、この如宝の指導により大谷寺の千手観音菩薩立像も造られたとの指摘がある。ちなみに下野薬師寺の創建は7世紀後半〜末頃とされ、8世紀には中央政府と結びついて「造下野国薬師寺司《ぞうしもつけこくやくしじし》」が置かれる。

　この下野薬師寺との関連では、大谷磨崖仏が下野薬師寺の山林修業の場であったとの指摘があり、石材供給、利用という点でも大谷寺と下野薬師寺並びに下野国分寺との関係があるとし、大谷磨崖仏

※2：下野国生まれの奈良〜平安時代の僧（735 〜 817）

※3：仏教の僧侶になるための戒律を授けるための場所。奈良の東大寺、筑紫の観世音寺、下野の薬師寺の3カ寺のこと

※4：中国の僧（688 〜 763）日本に来て唐招提寺を建立するなど、日本の初期仏教界に多大な影響を及ぼした

※5：奈良〜平安時代の僧。中央アジア出身といわれている。鑑真とともに来日した

のある大谷寺が両寺院の山林寺院であり、日光開山以前の補陀洛※6浄土との指摘もある。

下野国分寺は、天平《てんぴょう》13（741）年の聖武《しょうむ》天皇の「国分寺建立の詔《こくぶんじこんりゅうのみことのり》」を受けて造営される。

その金堂《こんどう》の礎石《そせき》や七重塔の心礎《しんそ》等には凝灰岩が使われている。また、下野薬師寺の金堂や講堂にも凝灰岩が使用されている。両者とも上流の凝灰岩産出地から運んできたものを使用したと考えられる。

両寺院が建てられた後に、大谷磨崖仏が造像される。よって、両寺院の関係者が凝灰岩（大谷石）の存在を知っていた可能性は高いと思われる。

ところで、県内の平安時代の仏像彫刻は、12世紀中頃から後半になるとほぼ全域で確認されるが、12世紀前半以前の作例は意外と少なく、日光以外に所在する木造仏となると、さらにその数は少ないという。

大谷寺周辺の2km圏内には、平安時代の木造仏が3体確認されている。大谷寺から南方約2kmの羽《は》下薬師堂《じたやくしどう》には平安時代中頃の木造薬師如来立像が※7、多気山の麓《ふもと》にある田野町の個人宅にも12世紀前半〜中頃の木造薬師如来立像が所在する。また、平安時代後期となるが、大谷寺の北西方約1.5kmの多気山持宝院《たげさんじほういん》には木造不動明王《ふどうみょうおう》坐像が所在する。

平安時代に大谷の白い岩肌の凝灰岩が峻立《しゅんりつ》する景色を見た人々は、そこに神秘的な空間を見い出し、

図Ⅱ−26 木造薬師如来立像（羽下薬師）

※7：現在は能満寺（駒生町）に保管されている（市指定文化財）

※6：補陀洛とは観音菩薩の浄土、観音菩薩が降り立つとされる伝説上の山。日本では和歌山県の那智山や日光男体山が補陀洛山とされる

神聖な場と考えたのではなかろうか。そのような空間の中に大谷磨崖仏は造立されている。

図Ⅱ-27 古代の大谷寺とその周辺

西暦	年号	主なできごと
7世紀末頃		下野薬師寺が創建
733	天平5	於伊美吉子首が下野薬師寺造司工として赴任
741	天平13	国分寺・国分尼寺建立の詔を発布 このころ下野薬師寺の大改修が終了
754	天平勝宝6	鑑真、平城京に到着
755	天平勝宝7	東大寺に戒壇設立
759	天平宝字3	唐招提寺建立
761	天平宝字5	下野薬師寺と筑紫観音寺に戒壇として受戒することが定められる
767	神護景雲元	勝道上人、補陀洛山(男体山)の登頂を試みるが失敗
770	宝亀元	道鏡が下野薬師寺別当として着任
774	宝亀5	如宝、東大寺戒壇院の戒和上に任ぜられる
781	天応元	勝道上人、再度補陀洛山の登頂を試みるが失敗
782	天応2	勝道上人、補陀洛山の登頂に成功
784	延暦3	勝道上人、補陀洛山に再度登頂し、神宮寺を建立
794	延暦13	円仁、下野国都賀郡に生まれる
797	延暦16	如宝、律師となる
805	延暦24	最澄が唐より帰国
806	大同元	空海が唐より帰国/如宝、少僧都となる
808	大同3	円仁、最澄の弟子となる
817	弘仁8	円仁が大慈寺で最澄から大乗戒を受ける
848	嘉祥元	下野国司の要請により下野薬師寺に講師が置かれる

表Ⅱ-02 古代の下野国における主な仏教関係のできごと(青字は日本史的できごと)

4 大谷石と中世の信仰

中世坂東三十三所と大谷寺

大谷寺（図Ⅱ－28）は鎌倉時代に成立したされる「坂東《ばんどう》三十三所」のうちの第十九番札所《ふだしょ》となっている。

この「坂東三十三所」は観音菩薩を篤く信仰していた源頼朝《みなもとのよりとも》が発《ほつ》願《がん》し、源実朝《さねとも》の時に成立したとされる。その札所を構成する寺院の多くは創建が飛鳥～平安時代初期と、古代寺院の系譜を引くことが指摘されている。

第十七番満願寺《まんがんじ》と第十八番中《ちゅう》禅寺《ぜんじ》は「日光開山の祖」とされる勝《しょう》道上人《どうしょうにん》の開基《かいき》とされ、日光山の山岳信仰との関連をうかがわせる。

また、第一番杉本寺《すぎもとでら》、第二番岩《がん》殿寺《でんじ》、第七番光明寺《こうみょうじ》など源頼朝が帰依していた寺院や佐竹《さたけ》氏ゆかりの寺院である第二十二番佐竹寺、下総《しもうさ》守護であった千葉氏との関連が考えられる第二十九番千葉寺など、鎌倉殿や鎌倉御家人等の関連がうかがえる寺院が含まれる。

この点から考えると、大谷寺もこの地域の領主であり鎌倉幕府内で評定衆《ひょうじょうしゅう》や引付衆《ひきつけしゅう》などの要職についていた宇都宮氏と何らかの関係があったことが推測される。

図Ⅱ－28 大谷寺

大谷寺内の中世関連資料

大谷寺洞窟遺跡の発掘調査では、磨崖仏群が彫られて以降の信仰に関する遺物が出土している。

鎌倉時代の懸仏《かけぼとけ》や経石《きょうせき》、室町時代の五輪塔や天文《てんぶん》20（1551）年の銘《めい》がある仏具《ぶつぐ》の銅碗《どうわん》などが出土

図Ⅱ－29 廻国塔

している。

また、境内の一角には、天文11（1542）年に造立された廻国塔《かいこくとう》が所在する（図Ⅱ-29）。

廻国塔は、六十六部行者《ろくじゅうろくぶぎょうじゃ》と呼ばれる諸国を遍歴《へんれき》する行者《ぎょうじゃ》により建立《こんりゅう》された供養塔のことで、行者は、願いがかなうように法華経《ほけきょう》の経典を全国六十六カ国の霊場に奉納して廻った。

このように、大谷寺は鎌倉～室町時代にかけても信仰の場として継続し、行者などの巡礼者が訪れていた。

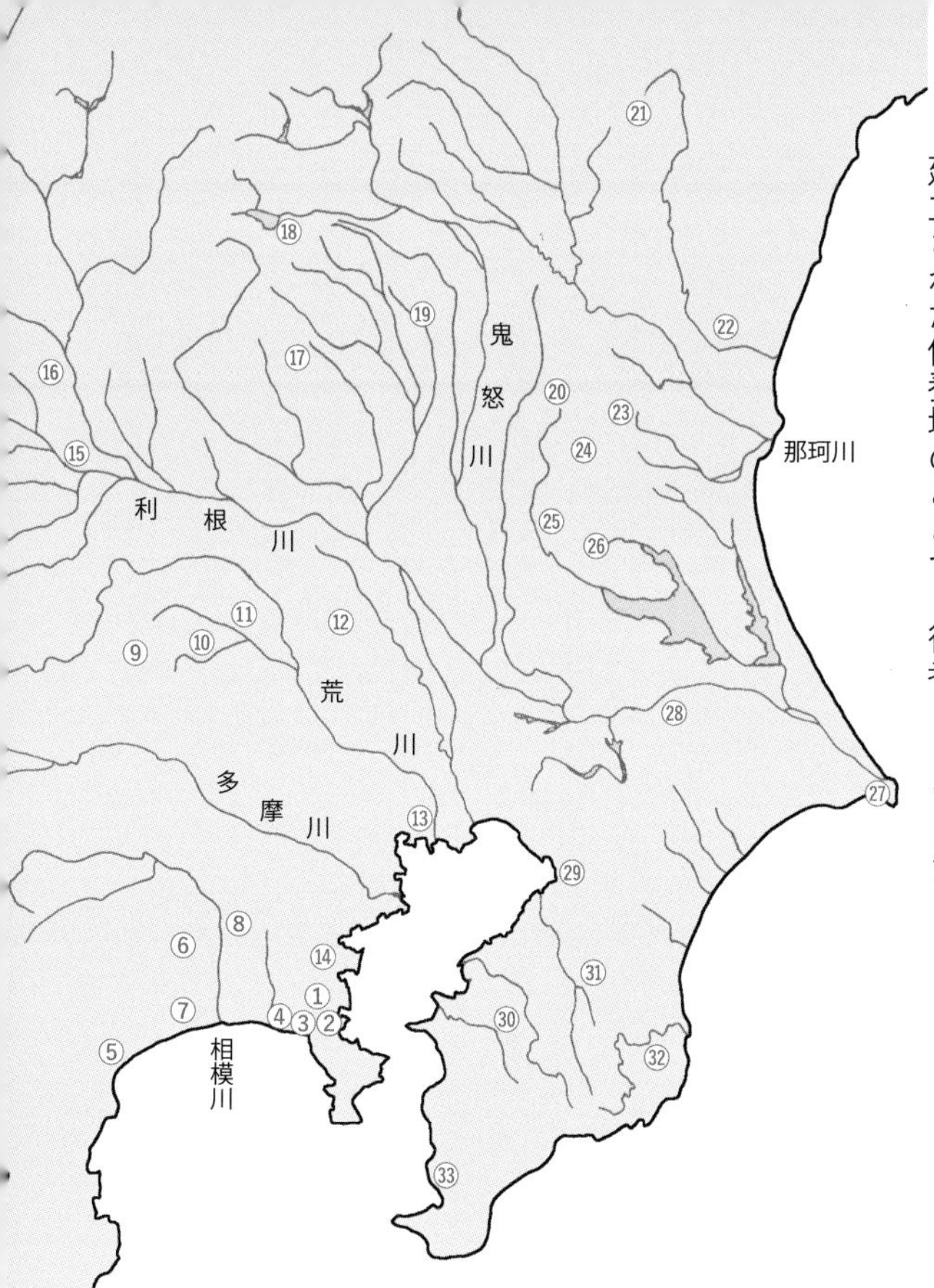

図Ⅱ-30 坂東三十三所位置図（丸番号は下表「札所番号」と対応）

札所番号	寺院名	所在地
第一番	杉本寺	神奈川県鎌倉市
第二番	岩殿寺（岩殿観音）	神奈川県逗子市
第三番	安養院田代寺（田代観音）	神奈川県鎌倉市
第四番	長谷寺（長谷観音）	神奈川県鎌倉市
第五番	勝福寺（飯泉観音）	神奈川県小田原市
第六番	長谷寺（飯山観音）	神奈川県厚木市
第七番	光明寺（金目観音）	神奈川県平塚市
第八番	星谷寺（星の谷観音）	神奈川県座間市
第九番	慈光寺	埼玉県ときがわ町
第十番	正法寺（岩殿観音）	埼玉県東松山市
第十一番	安楽寺（吉見観音）	埼玉県吉見町
第十二番	慈恩寺（慈恩寺観音）	埼玉県さいたま市
第十三番	浅草寺（浅草観音）	東京都台東区
第十四番	弘明寺（弘明寺観音）	神奈川県横浜市
第十五番	長谷寺（白岩観音）	群馬県高崎市
第十六番	水澤寺（水澤観音）	群馬県渋川市
第十七番	満願寺（出流観音）	栃木県栃木市

札所番号	寺院名	所在地
第十八番	中禅寺（立木観音）	栃木県日光市
第十九番	大谷寺（大谷観音）	栃木県宇都宮市
第二十番	西明寺（益子観音）	栃木県益子町
第二十一番	日輪寺（八溝山）	茨城県大子町
第二十二番	佐竹寺（北向観音）	茨城県常陸太田市
第二十三番	正福寺	茨城県笠間市
第二十四番	楽法寺（雨引観音）	茨城県桜川市
第二十五番	大御堂	茨城県つくば市
第二十六番	清瀧寺	茨城県土浦市
第二十七番	円福寺（飯沼観音）	千葉県銚子市
第二十八番	龍正院（滑河観音）	千葉県成田市
第二十九番	千葉寺	千葉県千葉市
第三十番	高蔵寺（高倉観音）	千葉県木更津市
第三十一番	笠森寺（笠森観音）	千葉県長南町
第三十二番	清水寺（清水観音）	千葉県いすみ市
第三十三番	那古寺（那古観音）	千葉県館山市

表Ⅱ-03 坂東三十三所一覧

凝灰岩の石塔利用

　鎌倉時代になると、凝灰岩を使った石塔が造られるようになる。栃木県央部～県南部にかけて凝灰岩製の石塔で年代がわかる事例は、小山市の「満願寺六面石幢《せきどう》」と下野市の「東根石造宝塔」（図Ⅱ－31）がある。前者は文治《ぶんじ》4（1188）年に小山政光《おやままさみつ》※1が逆修《ぎゃくしゅう》の式※2をあげこの塔を立てた。後者は元久《げんきゅう》元（1204）年に佐伯伴行《さえきともゆき》とその妻が大檀那《おおだんな》となり、両親の成仏得道《じょうぶつとくどう》を願って造立したもので、「大工伴宗安小工揚候行真」と石工名も刻まれている。

図Ⅱ－31　東根石造宝塔

　このほかに中世の石塔には五輪《ごりん》塔《とう》や宝篋印塔《ほうきょういんとう》があるが、大谷石等の凝灰岩が石材として使われるのは主に五輪塔である。

　姿川下流域にあたる下野《しもつけ》市内には、鎌倉時代後期とされる伝　紫《むらさき》式部墓《しきぶのはか》（図Ⅱ－32）や紫雲山国分寺薬師堂境内塔の大型五輪塔（図Ⅱ－33）がある。薬師堂境内塔は、塔高が1・9～2・5mと大型の五輪塔が3基並び、聖武《しょうむ》天皇・光明皇后《こうみょうこうごう》・行基《ぎょうき》菩薩を祀《まつ》った塔との伝承がある。

　室町時代から戦国時代になると、宇都宮から小山かけての地域で、凝灰岩製の小型五輪塔群が造られる。大谷石の産地である大谷寺境内には多数の小型五輪塔が所在する。また、宇都宮市野《の》高谷《ごや》薬師堂《やくしどう》遺跡や小山市の祇園《ぎおん》城跡の発掘調査でも小型の五輪塔の部材が多く出土している。

　このほかに、宇都宮氏関連の墓所でも五輪塔の石材として凝灰岩が使われている。益子町の宇都宮家の墓所（図Ⅱ－34）には29基の五輪塔のうち少なくとも6基が凝灰岩を使用し、宇都宮氏一族である多《た》功《こう》氏の墓とされる上三川町見性《けんしょう》寺《じ》の13基の五輪塔、宇都宮市興禅《こうぜん》寺《じ》の宇都宮貞綱《さだつな》※3・公綱《きんつな》※4供養塔《くようとう》とされる2基の五輪塔も凝灰岩で造られている。

　特に田川・姿川流域に所在する五輪塔は大谷もしくは宇都宮北部丘陵で産出する凝灰岩を使用して造られたものと思われる。

　中世において大谷及び宇都宮北

※1：平安時代末～鎌倉時代初期の武将、藤原秀郷の子孫で小山氏の祖

※2：生前にあらかじめ、死後の冥福を祈っておこなう仏事

※3：鎌倉時代の武将宇都宮家8代当主、弘安の役で御家人を率いて九州に出陣

※4：鎌倉時代末～南北朝期の武将、宇都宮家9代当主、四天王寺（大阪市）で楠木正成と対峙

（上）図Ⅱ- 32 伝紫式部墓
（中）図Ⅱ- 33 薬師堂境内塔
（下）図Ⅱ- 34 宇都宮家の墓所

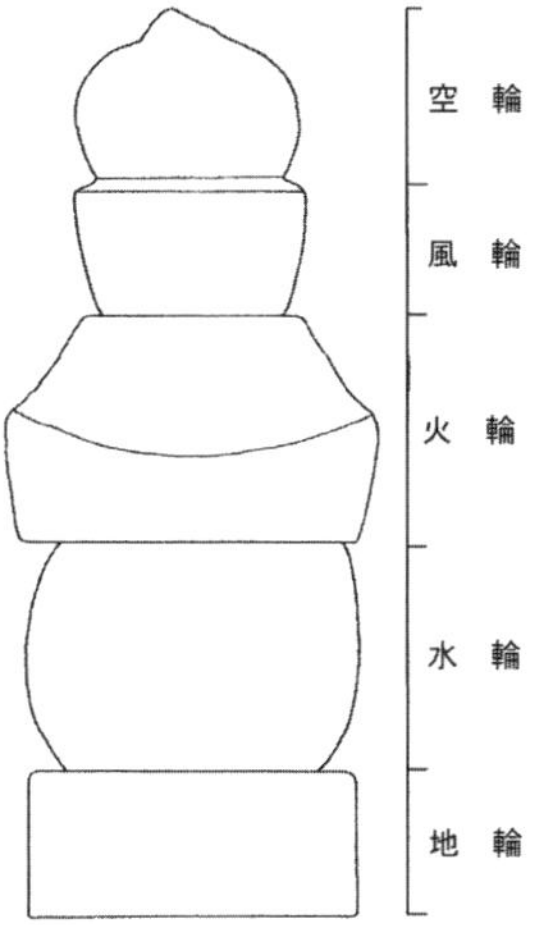

図Ⅱ- 35　五輪塔の名称

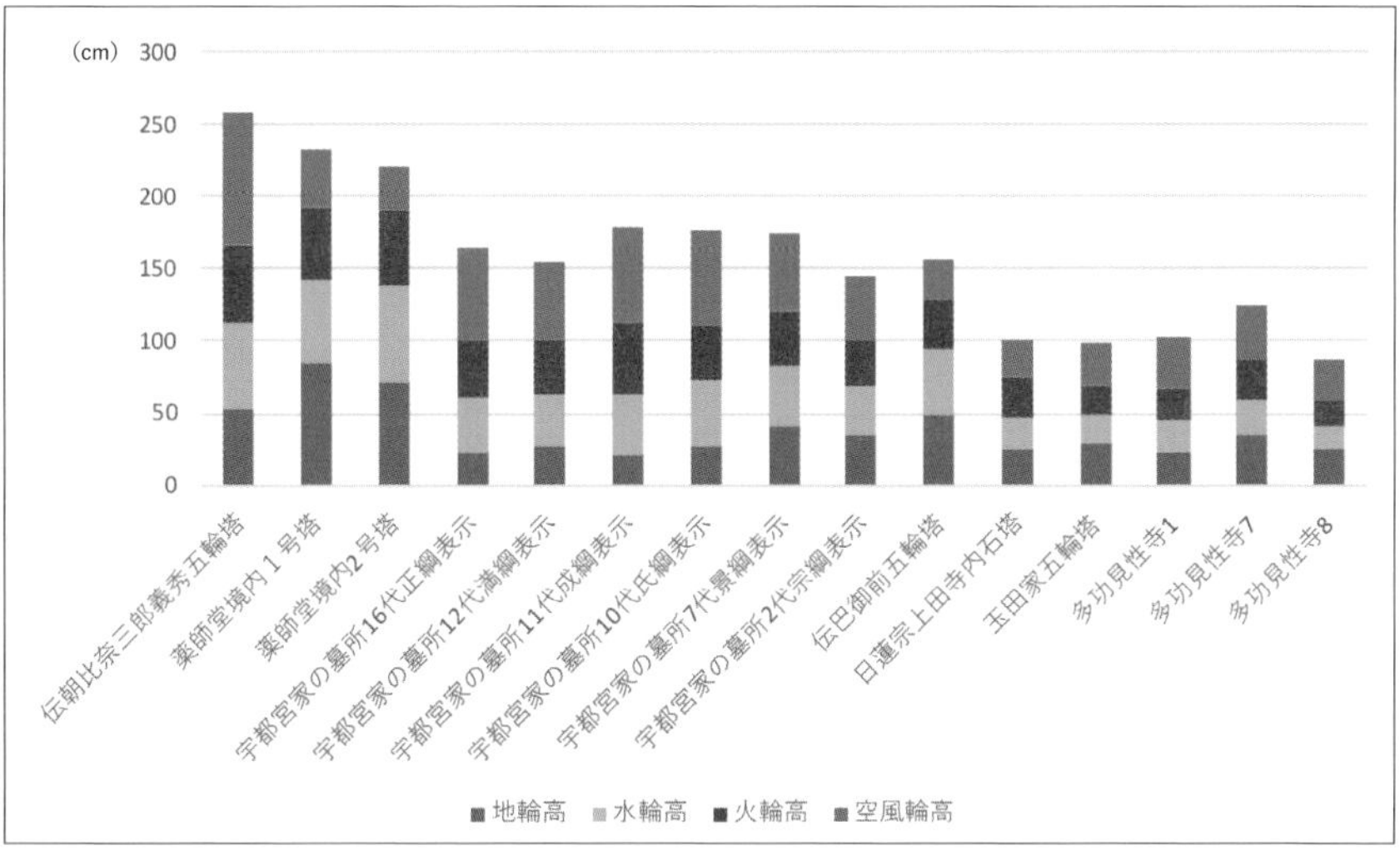

図Ⅱ- 36　五輪塔法量比較図

部丘陵は、宇都宮氏の領域内であり、石材産出及び流通に宇都宮氏が何らかの関わりを持っていた可能性が考えられる。

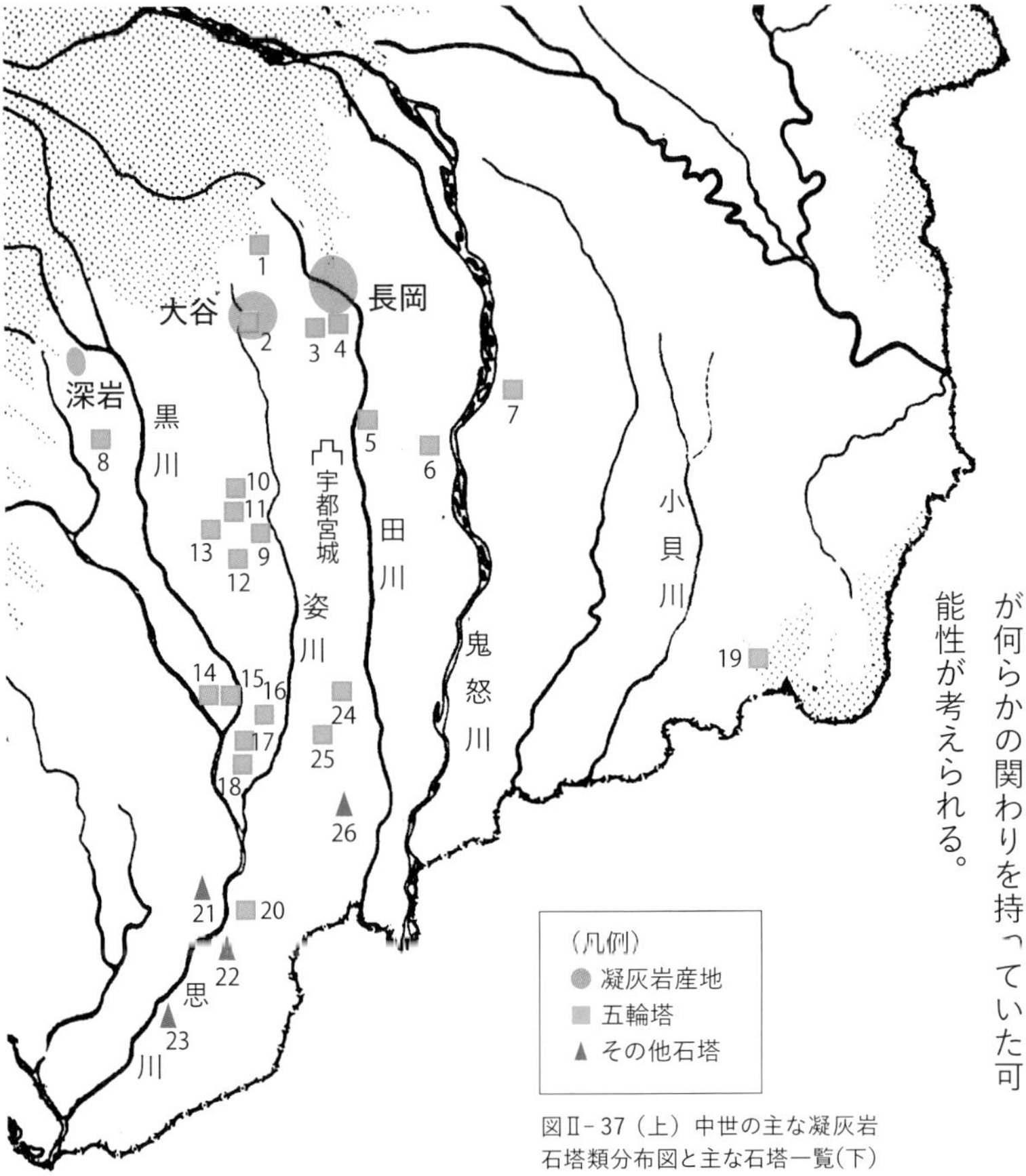

図Ⅱ－37（上）中世の主な凝灰岩石塔類分布図と主な石塔一覧(下)

No.	名称等	所在地
1	新里町藤本五輪塔	宇都宮市新里町
2	大谷寺五輪塔	宇都宮市大谷町
3	北の前遺跡出土五輪塔	宇都宮市上戸祭町
4	長岡町高龗神社五輪塔	宇都宮市長岡町
5	宇都宮貞綱・公綱供養塔	宇都宮市今泉3丁目
6	医王寺内五輪塔	宇都宮市石井町
7	野高谷薬師堂遺跡出土五輪塔	宇都宮市野高谷町
8	酒野谷の円明寺内五輪塔	鹿沼市酒野谷
9	安塚坂下古墳群出土五輪塔	壬生町安塚
10	大関家五輪塔	壬生町上田
11	日蓮宗上田寺内石塔	壬生町上田
12	伝朝比奈三郎義秀五輪塔	壬生町上田
13	伝巴御前五輪塔	壬生町中泉
14	廃寺自性院跡五輪塔	壬生町大師町

No.	名称等	所在地
15	玉田家五輪塔	壬生町通町
16	箕輪城跡北西塔	下野市箕輪
17	薬師堂境内五輪塔	下野市国分寺
18	伝紫式部墓	下野市紫
19	宇都宮家の墓所五輪塔	益子町上大羽
20	祇園城跡出土五輪塔 (天翁院を含む)	小山市本郷町 ほか
21	立木満願寺石幢	小山市立木
22	妙建寺六面塔	小山市宮本町
23	お鍋塚層塔	小山市粟宮町
24	多功見性寺五輪塔	上三川町多功
25	下古舘遺跡出土五輪塔	下野市祇園
26	東根石造宝塔	下野市東根

第Ⅲ章

産業としての大谷石

大谷石の採石を写した絵葉書

1 江戸時代の大谷石利用

建造物への大谷石使用

建造物への本格的な使用が始まったのは江戸時代である。

土木材としては、本多正純《ほんだまさずみ》※1が宇都宮城の改修に用いたという半ば伝承に近い記録があるが、明確な例としては、元文《げんぶん》年間（1736〜41）に書かれた『宇都宮城下町』の中に「石橋二ヶ所上ヨリ大谷石遣」の記述がある。また宇都宮藩の公用日誌にも堀の補修や敷石に使用した記録がある。現存例としては弘化《こうか》3（1846）年の二荒山《ふたあらやま》神社（馬場通《ばばどお》り1丁目）の石垣（図Ⅲ－01）が知られている。それ以外に明確に江戸時代まで遡る例は不明だが、後世の改築などで失われた可能性とともに、未確認の物件の存在も考えられる。

図Ⅲ－01 二荒山神社の石垣

建築材としての使用は、主に石屋根《いしやね》（石瓦《いしがわら》、図Ⅲ－02）と貼石《はりいし》（図Ⅲ－03）であった。石屋根は大谷石を削って作った石瓦を屋根に葺《ふ》く手法である。貼石は板状に加工した石材を建築物外壁に釘などで取り付けるものであり、石と石の合わせ目に防水のための漆喰《しっくい》を充填《じゅうてん》するが、やがてはその漆喰を盛り上げる「ナマコ」など意匠上の配慮をするようになった。江戸時代の石屋根・貼石の主な分布範囲は馬の背による運搬が可能な、石材産出地を中心に半径約20㎞の範囲となる。

まず、石屋根が貼石よりも先に登場した。かつては石屋根であった延命院《えんめいいん》地蔵堂（泉町）の建立は享保《きょうほう》年間（1716〜1736）とされる。また、徳次郎《とくじら》町の薬師堂の山門（図Ⅲ－04）も石屋根であり、その門の徳次郎石の石柱には宝暦《ほうれき》元（1751）年の銘がある。現存しないが慈光寺《じこうじ》（塙田《はなわだ》1丁目）の

※1：江戸時代初期の大名。徳川家康の側近として信任された。元和5（1619）年に宇都宮藩主となり、城と城下町の改修を実施。2代将軍秀忠により改易され、出羽横手（秋田県）へ配流された（1565～1637）

安永《あんえい》7（1778）年建立の旧山門（赤門《あかもん》）も石屋根であった。

天明《てんめい》8（1788）年幕府巡見使に従って、江戸から奥羽（東北地方）・蝦夷地《えぞち》（北海道）を視察した古川古松軒《ふるかわこしょうけん》※2は、半年間の見聞をまとめて『東遊雑記《とうゆうざっき》』に記した。

この中で、宇都宮は「家々は草葺きの屋根が多くあまり良くない。この辺りには軟らかい石が産出し、この石を瓦のように削って、寺院などのお堂や門の屋根の瓦に用いている。ほかの地方では見ない石である」とあり、粘土瓦の代わりに周辺で産出する石が屋根に葺かれていたことがわかる。古松軒は、町家の屋根は草葺きが多いと記しており、その記述を重んじれば町家（商人や職人の家）での蔵などへの石屋根使用はその後ということになる。

図Ⅲ- 02　石屋根の例（岩原町）

図Ⅲ- 03　貼石の例（竹林町）

図Ⅲ- 04　徳次郎薬師堂の山門

※2：江戸時代後期の地理学者、旅行家。『東遊雑記』『西遊雑記』のほか、幕府の命で江戸近郊の地誌をまとめ、『四神地名録』を作った（1726 ～ 1807）

当然、この「石」は大谷石を指すのであるが、宇都宮の寺院のお堂などの屋根に用いていたのが相当数あったため、古松軒はこのような記載にしたと思われる。つまり、当時の宇都宮の町中は、旅人でも目に付くくらい寺院に大谷石屋根が用いられていたと考えられる。

また、寛政《かんせい》11(1799)年に発行された、木村蒹葭堂《きむらけんかどう》※3が本文を著し、画は蔀関月《しとみかんげつ》※4の筆による『日本山海名産図絵《にほんさんかいめいさんずえ》』の中で、讃岐《さぬき》(香川県)小豆島《しょうどしま》周辺から産出される豊島石《てしまいし》が、下野宇都宮で産出する石に似ていると記している。著者の蒹葭堂と画師の関月はどちらも大坂の住民であったため、本の内容の七割は西日本の名産で占められている中で、宇都宮産の石も取り上げているということは、着目に値する。

同じ寛政11年、幕府の旗本遠山《とおやま》景晋《かげみち》※5は、蝦夷地《えぞち》(北海道)への出張の途中で宇都宮に宿泊し、「家々

図Ⅲ－05 小野口家住宅裏の蔵

図Ⅲ－06 旧篠原家住宅文庫蔵

※3：江戸後期の雑学者。大坂で酒造業を営むかたわら博学多芸でとくに物産に通じていた(1736 ～ 1802)

※4：江戸時代中期の浮世絵師。山水画、人物画にすぐれ挿絵を描いた(1747 ～ 1797)

※5：江戸時代後期の幕臣。幕府の命により蝦夷地や長崎などに出張する。ロシア使節レザノフの対応など外交の最前線で活躍した。町奉行遠山景元の父親としても有名(1764 ～ 1837)

の屋根は石葺きであり、宿泊した宿の『土蔵の壁』も大谷石だった」と記しており、屋根に加えて壁への利用が記されるとともに、町屋への大谷石の使用がかなり普及しているように表現している。古松軒の旅から10年余しか経過しておらず、その間急速に普及したとも考えられる。

　古松軒も景晋も旅の途中であり、宇都宮で目にした範囲には限りがあっただろう。また、古松軒と景晋とでは観察の視点が違う可能性はある。

図Ⅲ－07　石屋根と板壁の蔵

図Ⅲ－08　石屋根と貼石の蔵

　時代は少し下るが、文政《ぶんせい》8（1825）年の小野口《おのぐち》家住宅（田野町）の「裏の蔵」（図Ⅲ－05）、嘉永《かえい》4（1851）年の旧篠原家住宅（今泉1丁目）の「文庫蔵《ぶんこぐら》」（図Ⅲ－06）は、いずれも外壁に大谷石の貼石を使用しているが、すでに建築様式として定着した様相を示している。

　以上の諸点を勘案すると、宇都宮城下における大谷石の建築材使用は、まず寺院の石屋根（石瓦）として18世紀の前半に始まり、寺院建築に広がっていったのであろう。ただし、本堂など大規模な建築物へは使用されておらず、門や小規模な堂宇《どうう》への使用であった。

　一方、町家や農村部での石屋根の使用は18世紀の半ばから後半に始まったと思われる。そして石屋根に続いて、壁の外装材として貼石が用いられるようになったのではないか。それが遠山景晋の見た18世紀末頃の宇都宮城下の風景だったと考えられる。ただし、石屋根を用いるには建物自体の部材を太くするなど、構造を頑丈にしなければいけないことを考えると、石屋根や貼石が使用された建物の用途・場所・所有者の階層などは限られていたものとみられ、宇都宮の町並みや周辺の農村部における大谷石の存在感がどの程度であったかは分からない。

大谷石使用の増大とその影響

18世紀には産出地の村々に限らず、宇都宮の「町方」にも石工の存在が知られることから、その面からも石材加工需要の拡大があったことが想定できる。彼らが宇都宮での貼石、墓石の製作などに携わった。

そう考えると、18世紀は石材の利用が、石造物・建造物を含めて大きく進展する時期と言える。宝永《ほうえい》年間（1704～11）以降に見られる石切に関わる数々のトラブルも、採石需要の拡大と、そこから得られる利益が背景にあると思われる。

石屋根も貼石（図Ⅲ－08）も木造建築物の屋根材・壁材であり、積石造（組積造《そせきぞう》※6）の構造材※7ではない。しかし、宇都宮市内の積石造の蔵のなかには、江戸時代に建設されたという物件が複数ある。積石造の成立には、石材を構造材として使用する技術が必要である。積石造の成立年代については、改築の可能性などを念頭に置きつつ、十分な検討が必要であろう。

石屋根や貼石を使用した建築物はむしろ、明治時代になってから盛んに建設され、宇都宮市周辺を中心に石蔵や長屋門《ながやもん》による特徴的な農村景観をつくり出していった。さらに分布範囲を栃木県の内外に広げながら、積石造や瓦葺きが普及した後にも造られていた。

図Ⅲ－09 昭和初期の貼石壁の例（東京都日野市）

※6：組積造は、石材・煉瓦などの建材を積み上げて作る建築構造のことで、主に壁が建物の本体を構成し荷重を支えている。大谷石の組積造は伝統的に「積石造」と呼び習わしている。本書では、大谷石の組積造建築物については慣例に従い「積石造」と呼び、大谷石積石造も含めて組積造を総称する場合は「組積造」と呼ぶ

※7：建築物の骨格を構成し建物の荷重を担う建材のこと

江戸時代の石造物

江戸時代には、大谷石等の凝灰岩を使ってさまざまな石造物が造られるようになる。

図Ⅲ－10　興禅寺墓石

図Ⅲ－11　祠（写真提供：柏村祐司氏）

図Ⅲ－12　十九夜塔

宇都宮市内の寺社等における大谷石等の凝灰岩製の石造物を調べてみると、供養塔としての宝篋印塔や墓石（図Ⅲ－10）のほか、祠《ほこら》（図Ⅲ－11）や鳥居《とりい》、灯籠《とうろう》、狛犬《こまいぬ》、水盤《すいばん》、道沿いに立つ十九夜塔《じゅうくやとう》（図Ⅲ－12）、馬頭観音《ばとうかんのん》、地蔵尊《じぞうそん》等の石材として使われている。

その中で紀年銘《きねんめい》が残っているものを抽出すると、古いものでは今泉3丁目興禅寺《こうぜんじ》の墓石（寛永《かんえい》16［1639］年）、上桑島《かみくわじま》町金剛定《こんごうじょう》寺《じ》の石塔（万治《まんじ》2［1659］年）等、17世紀に遡るものも見られるが、多くは18～19世紀に造られたものである。特に、石灯籠に紀年銘が残るものが多い。

石切《いしきり》渡《と》世《せい》による大谷石採石

大谷石はどのようにして、石切《いしきり》

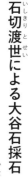

場《ば》から宇都宮宿《しゅく》に供給されていたのであろうか。

江戸時代に入ると、戦乱の世から安定の世へと遷移《せんい》していくに従って、農民の生活も大きく変わってきた。年貢《ねんぐ》の納入については、大多数の農民が四苦八苦していたのであるが、18世紀に入ると、農民が自ら自立の道を探りながら、流通経済の発展にともなって、米の栽培以外のさまざまな金銭入手方法を模索していく。その一つとして「農間渡世《のうかんとせい》」があげられる。

農間渡世とは、農民が農業の合間に行う営業、賃稼《ちんかせぎ》のことであり、特に18世紀以降、貨幣経済の発展とともに盛んに行われるようになる。

宇都宮宿近辺における農間渡世には、酒造渡世、質取渡世、古鉄買渡世、水車渡世などがあり、なかでも宇都宮の特色として挙げられるのが石切渡世である。宇都宮近辺では、江戸時代前半から大谷石の切出しや販売が行われている。

元和《げんな》6（1620）年に、当時の宇都宮藩主であった本多正純が、田野村に石の切出しを命じ、宇都宮城の石垣に用いたことが、江戸時代後期に下野庵宮住《しもつけあんみやずみ》※8が著わした『宇都宮史』に記されている※9。ほかには宇都宮二荒山神社の階段に大規模に用いられたことがわかっている。しかしながら、文書に残る石切渡世の記録は数少ない。

石切渡世は、単に農業の片手間で行うというよりは、石切仲間を構成して組織化されていた。上荒《かみあら》針《はり》村の石切と領主である旗本の三枝《さえぐさ》氏との議定書では、正式な賃金の授受、石切の人札鑑札は1件につき1枚とし、家内に労働力が数人ある場合には小札鑑札が与えられ、対価として年1回金銭を上納することなどがきちんと定められていた。

享保《きょうほう》5（1720）年に上荒針村には49人の石切がいたが、嘉永3（1850）年の130年の間に石切の人数はわずか1人しか減少していない。

それは、村落内で石切の人数を厳しく制限するとともに、取引先との信頼関係の構築、他村の石切仲間との販路の協定、村外からの商業資本の進出の阻止、16種類にも及ぶ大谷石の価格の協定（石の質や運搬費を考慮して）とともに、上納金《じょうのうきん》を見越した領主の三枝氏の保護の力も大きかった。当然上荒

※8：本名は上野久左衛門基房、鉄炮町の町名主。薬屋のほか質屋・金融も扱い、当時の宇都宮を代表する文化人で郷土史家、狂歌師としても有名（1777～1834）

※9：宝永7年（1710）に書かれたと思われる『乍恐口上書御訴訟申上候御事』の中には本多下野守の代に荒針村から城の御用石を採石していたとある

針村のみでなく、他村でも同様の取り決めがなされていたことが想定される。

これらの大谷石産出地における石切渡世は、明治時代の後半に至って運搬方法の発達に伴い、商業的な大規模な採石へとつながっていくのである。

石材販売と石屋

宝永7（1710）年と思われる文書には、岩原村と新里村の石切同士の争いがあったことが書かれている。

岩原村の石切が新里村の石切場に入り込んで武家用の石材と町方へ売買する石材を切出して運び出そうとしたところ、新里村の石切に取り押さえられた。岩原村と新里村の両者の申し出により代表者は藩の会所に呼び出され、取り調べを受けている。

その結果、両村とも新里村石切場においては領主への御用石を除き、村が商売のために勝手に石を切出すことが禁じられた。この争いから、切り出された石には「武家用の石材」と「町方に売買する石材」とがあったことがわかり、また、宇都宮藩が石切を統制下に置いたこともわかる。

一方、両村は留場《とめば》（勝手に切出せない石山）以外で、農閑期には自由に石切を行い、宇都宮城下はもとより、近隣においても石材の自由売買が認められていた。

ところが、安政《あんせい》5（1858）年宇都宮町方の石屋が、「石材高騰の対策として、両村の石を商うため問屋を作り両村の石工の直接売買を禁止」することを藩に申し出た。この対象となった岩原村・新里村側は「土地の生産性が低く、収穫できた米は年貢納入と自家消費だけで手いっぱいであり、生計を保つためにも石の販売は不可欠であること、また、石材高騰は、諸物価高が原因で起きていること、山の所有者への代金が上昇したこと、道具の金物やそのための炭が高騰したこと、露天掘《ろてんぼ》りで掘れる石が尽き特別に職人を雇って表土を取り除かなければならないこと」などの理由を申し立てている。

この争論の結果は分かっていないが、宇都宮城下の商人が岩原・新里村の石切職人たちと対等に争うまでに力を付けてきていると読み取ることができる。

明治以降の地名の変遷と産出石材名

「大谷石文化」に関わる石材の産出地は、現在宇都宮市に属しているが、過去には別の行政区画であった（変遷については下表を参照）。なお、狭義の「大谷石」の産地であり、最大の産出地である大谷地区は、明治22（1889）年以前は河内郡荒針村の一部であり、明治22年から昭和29（1954）年までは河内《かわち》郡城山《しろやま》村荒針の一部の通称だった。昭和29年の宇都宮市との合併により宇都宮市大谷町となった。

<table>
<tr><th colspan="3">明治22（1889）年まで</th><th colspan="4">明治22～昭和29（1954）年まで</th><th colspan="3">昭和29年以降</th><th colspan="2">産出石材の地元での呼称</th></tr>
<tr><th>国→県</th><th>郡</th><th>村</th><th>県</th><th>郡</th><th>村</th><th>大字</th><th>県</th><th>市</th><th>町</th><th>大まかな呼称</th><th>細分した呼称</th></tr>
<tr><td rowspan="10">下野国→宇都宮県→栃木県</td><td rowspan="10">河内郡</td><td rowspan="2">荒針村</td><td rowspan="10">栃木県</td><td rowspan="10">河内郡</td><td rowspan="3">城山村</td><td rowspan="2">荒針</td><td rowspan="10">栃木県</td><td rowspan="10">宇都宮市</td><td>大谷町</td><td>大谷石</td><td>大谷石・戸室石</td></tr>
<tr><td>下荒針町</td><td>大谷石</td><td>大谷石</td></tr>
<tr><td>田下村</td><td>田下</td><td>田下町</td><td>田下石</td><td>田下石</td></tr>
<tr><td>岩原村</td><td rowspan="2">国本村</td><td>岩原</td><td>岩原町</td><td>岩原石</td><td>岩原石</td></tr>
<tr><td>新里村</td><td>新里</td><td>新里町</td><td>新里石</td><td>岩本石・桜田石・中野石・雨乞山石・寺沢石・熊之堂石・天王寺石</td></tr>
<tr><td>徳次郎村</td><td rowspan="3">富屋村</td><td>徳次郎</td><td>徳次郎町</td><td>徳次郎石</td><td>徳次郎石</td></tr>
<tr><td>下横倉村</td><td>下横倉</td><td>下横倉町</td><td>下横倉石</td><td>下横倉石</td></tr>
<tr><td>大網村</td><td>大網</td><td>大網村</td><td>大網石</td><td>大網石</td></tr>
<tr><td>長岡村</td><td>豊郷村</td><td>長岡</td><td>長岡村</td><td>長岡石</td><td>長岡石</td></tr>
</table>

大谷石

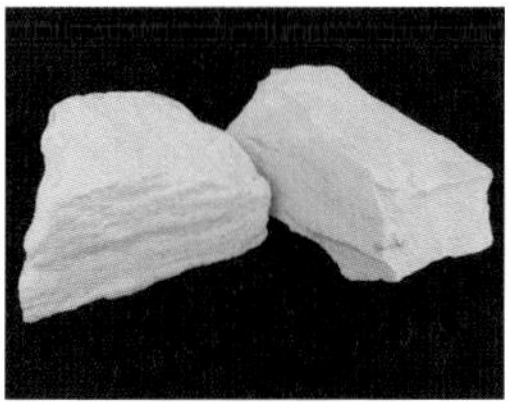
徳次郎石

長岡石

※石材の呼称は地質学上の分析によるものでなく、生産地や消費地においても明確に区分されていないことも多い。

2 大谷石産業の変遷

農間渡世から石材産業へ

江戸時代に農間渡世で採石された石は、産出地やその周辺地域で主に使用されたが、産業化のきざしはすでに見出すことができる。

江戸では各地から運ばれた大量の石材が使用されたが、当時の輸送方法は主に海上輸送であるため、その産出地はほぼ沿岸部に限られており、内陸産の大谷石は江戸での大量使用は困難であった。

大谷石も鬼怒川を利用して船で搬出されたと言われ、記録上は江戸での問屋の存在が知られるものの、現在確実に江戸時代までさかのぼれるかどうかは不明である。

これは、伊豆石などとは違い、江戸での使用量が少なかったことをも意味する。

だが、江戸時代の後期になると、大谷石の産出地でも、村相互の石工の移動や外部からの石工の流入、山主に運上《うんじょう》(採石料)を支払っての石切などが発生し、大規模経営を目論む動きもみられる。また、宇都宮の石材業者が流通を統制する動きも見られるようになる。これらは、単純な農閑期の余業ではなくなっていることを物語る。

18世紀末頃から、江戸・大坂などの大都市に限らず、地方でも生産や流通が発達したが、大谷石についても、表向き石切は産出地の村人のみという規制と、大量輸送は困難という限界があったものの、全国的な経済活動の流れと相関していたと考えられる。

明治政府が成立すると、「文明開化」政策のもとで、欧米から新たな建築・土木技術が急速に導入され、都市部を中心に石材を含む大量の建材需要が生じた。そのため明治政府は、明治7(1874)年、全国の石材調査を行い、栃木県からは、荒針村(大谷町)・新里《にっさと》村(新里町)・徳次郎村(徳次郎町)など、大谷及びその近隣で産出する石材が調査されている。

その主要な消費地はまだ宇都宮町だったが、石井河岸《かし》(石井町)から船で発送していることも記録されており、宇都宮以外での使用があったこともわかる。

明治12(1879)年には江戸の町名主だった馬込《まごめ》家が東京での大谷石販売を計画したという。沿岸部の伊豆石の枯渇により供給が困難になったことが、大谷石販売の好機と考えたのだが、計画は進展しなかった。

明治18（1885）年、私設鉄道である日本鉄道の大宮（埼玉県さいたま市）～宇都宮間が開業。既設の上野（東京都台東区）～大宮間と接続し、東京と宇都宮が鉄道で結ばれた※1。それを機に宇都宮と東京の商人が「弘石舎」を設立し販路拡大を目指したが不成功に終わる。続いて「下野石会社」が設立されたが同様に成功しなかった。採算に見合うほどの生産や輸送の体制がとれなかったのであろう。

このように、近代化は大谷石産業の劇的な発展に直結したわけではなかったが、大谷石産業が東京・横浜などの大消費地を視野に入れ、大量・広域流通を目指す姿勢を鮮明にした時期でもあった。

荷馬車の普及などにより、当時主たる消費地だった宇都宮での使用は増えていき、栃木県庁舎建設や市内の水路などにも用いられたという。また、鉄道輸送は次第に東京など遠隔地での使用量を増加させていく。そこには内国勧業博覧《ないこくかんぎょうはくらん》会《かい》へ出品するなど販路拡大の努力があったことも見逃せない。

大谷石産業の発展に大きな功績を残した渡辺陳平《わたなべちんぺい》※2は後に「明治の中葉は名もなき貧乏山主で自ら注文を取り歩いて血の出るような苦しみをした」と述べたという。

やがて渡辺らの働きにより、生産や販売が徐々に拡大していった。そして、石材業として確立するとともに、職人の専業化や組織化が進んでいったのである。

図Ⅲ－13　開業時の宇都宮駅前

※1：開業当初は利根川橋梁が未完成のため渡船で連絡していた。同橋梁の完成は明治19（1886）年

※2：明治後期からの実業家。大谷石採石業を営む渡辺家の養子となり、輸送のための軽便鉄道の敷設や、石材問屋組合の組織づくりに関わった（1871～1946）

大谷石の輸送①　～馬・船・馬車～

江戸時代は、輸送の範囲は産出地と宇都宮周辺が主であり、江戸など遠隔地への輸送量は極めて少なかった。

馬

江戸時代の輸送手段は主に馬だった。馬の背の左右に石材を１～２本ずつ振り分けて運んだ。遠距離輸送は困難であったとみられ、産出地近辺や宇都宮までが主であったであろう。

船（舟運）

江戸時代から明治時代中期までは、鬼怒川の石井河岸（石井町）から船で発送されたという。また、姿川の幕田河岸（幕田《まくた》町）も利用された可能性もある。

江戸で利用された大谷石は、馬で河岸まで運び、船に積み替えて運ばれたものだろう。明治７(1873)年の明治政府の石材調査でも船での運送が記録されており、明治18年の鉄道開通以後もしばらくは続いていた。

馬車

江戸時代は原則として馬車の使用は禁じられていた。明治に入ると産出地から消費地や河岸へは馬車輸送が主役になった。鉄道・軌道開通後も、線路がカバーできない場所は、トラック輸送の普及まで馬車が輸送を担っていた。馬の背による運搬にくらべて積載量は大幅に増加した。

石切場から馬車で搬出する様子

軌道の開業と大谷石産業の成長

重量物である大谷石の販路拡大には輸送の改善が必要不可欠だったため、明治29(1896)年、主に宇都宮《うつのみや》軌《き》の有力者たちが宇都宮軌道運輸《どううんゆ》株式会社を設立した。内務大臣あての『軌道設立願』では、大谷石の有用性を強調したうえで、「軌道」により大谷石と人とを輸送したい旨が記されている※3。

図Ⅲ-14　大谷から宇都宮へトロッコで大谷石を輸送

「鉄道」建設には多大な資力と技術力が必要だが、「軌道」は比較的容易に建設できる※4。また、荷車・荷馬車従事者の人力を動力として転用できることも利点だった。

宇都宮軌道運輸は、明治30(1897)年、宇都宮市街地に近い西原町(桜通り3丁目)から産出地の荒針(大谷町)までの路線を開業した。線路は主に大谷街道と呼ばれる県道上に敷設された。翌年には石切場が密集する地区を網羅するように、荒針から立岩《たていわ》・弁天山《べんてんやま》・風返《かざがえし》(いずれも大谷町内)までが開業している。

軌間(レールの幅)は2フィート(610㎜)で、日本の幹線鉄道で採用された3フィート6インチ(1067㎜)よりかなり狭かった。車体も小さく、1トン積みの貨車(トロ)を基本的に二人の車夫が押して動かすものだった(図Ⅲ-14)。また、6人乗りの客車による旅客輸送も人力で行った。

遠方への出荷には西原町で荷馬車・荷車へ積み替えて宇都宮駅に運ぶ必要があったが、軌道の開業により輸送力は大幅に向上した。

明治32(1899)年に開業した野州人車鉄道《やしゅうじんしゃてつどう》は、同様に人力を動力とした人車軌道で、戸祭《とまつり》(松原2丁目)~仁良塚《にらづか》(宝木本町《たからぎほんちょう》)~芳原《よしはら》(新里町)及び仁良塚~徳次郎(徳次郎町)を結んだ。特に新里方面については、同地区の石材の輸送を主眼にしたものであったが、

※3：大谷への観光客の輸送も目的として掲げていた

※4：「鉄道」は専用の線路をもつ交通機関、「軌道」は主に道路上に線路を敷く交通機関をさす

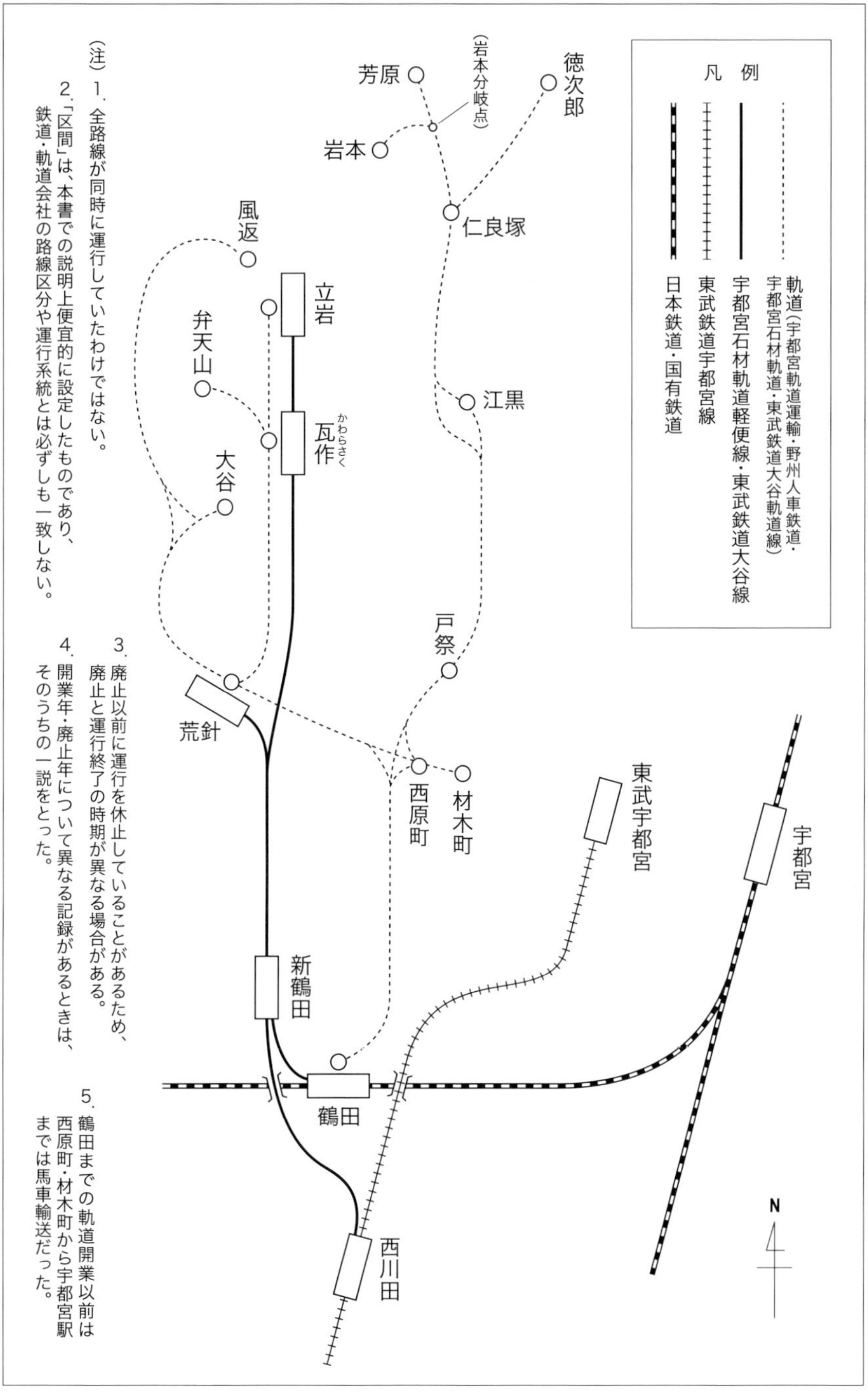

（注）1. 全路線が同時に運行していたわけではない。
2.「区間」は、本書での説明上便宜的に設定したものであり、鉄道・軌道会社の路線区分や運行系統とは必ずしも一致しない。
3. 廃止以前に運行を休止していることがあるため、廃止と運行終了の時期が異なる場合がある。
4. 開業年・廃止年について異なる記録があるときは、そのうちの一説をとった。
5. 鶴田までの軌道開業以前は西原町・材木町から宇都宮駅までは馬車輸送だった。

図Ⅲ-15 大谷石等石材輸送に関わる鉄道・軌道の見取図

	区間	法令上の種別	経営主体	開業年	廃止年	動力	軌間	備考
1	西原町～荒針	軌道	宇都宮軌道運輸 ↓ 宇都宮石材軌道 ↓ 東武鉄道	明治30(1897)年	昭和15(1940)年	人力	610ミリ	旅客輸送に一時ガソリンカーを導入（西原町～大谷）。
2	荒針～風返			明治31(1898)年	昭和27(1952)年			
3	荒針～弁天山							
4	瓦作～立岩				昭和4(1929)年			
5	戸祭～仁良塚		野州人車鉄道 ↓ 宇都宮石材軌道 ↓ 東武鉄道	明治32(1899)年	昭和7(1932)年			旅客輸送に一時ガソリンカーを導入。
6	仁良塚～（岩本分岐点）							「岩本分岐点」は本書における仮称であり、名称不明。
7	（岩本分岐点）～芳原							
8	仁良塚～徳次郎			明治33(1900)年				旅客輸送には一時ガソリンカーを導入。
9	（岩本分岐点）～岩本			明治39(1906)年以前？	昭和4(1929)年以前？			「岩本分岐点」は本書における仮称であり、名称不明。
10	西原町～材木町		宇都宮軌道運輸 ↓ 宇都宮石材軌道 ↓ 東武鉄道	明治36(1903)年	昭和8(1933)年			旅客輸送には一時ガソリンカーを導入。
11	西原町～鶴田				昭和7(1932)年			
12	戸祭～西原町			明治39(1906)年				旅客輸送には一時ガソリンカーを導入。
13	鶴田～(新鶴田)	軽便鉄道 ↓ 地方鉄道	宇都宮石材軌道 ↓ 東武鉄道	大正4(1915)年	昭和27(1952)年	蒸気	1067ミリ	新鶴田は昭和6(1931)年設置。昭和27(1952)年廃止。
14	（新鶴田）～荒針				昭和39(1964)年			新鶴田は昭和6年設置。昭和27年廃止。
15	荒針～立岩	地方鉄道		昭和4(1929)年				
16	新鶴田～西川田		東武鉄道	昭和6(1931)年				

表Ⅲ－01 大谷石等石材輸送に関わる鉄道・軌道一覧表

宇都宮軌道運輸と同じく鉄道線と直接接続するものではなかった。

宇都宮軌道運輸・野州人車鉄道ともに、広域流通を目指しつつも、この段階では過渡的な輸送状態であった。

宇都宮軌道運輸は、明治36（1903）年、宇都宮市街地により近い材木町《ざいもくちょう》（材木町、図Ⅲ－16）へ路線を伸ばすとともに、日光線鶴《つる》田《た》駅への軌道を開業した。これにより、軌道を介して石材産地と鉄道との接続が実現し、鶴田駅での積み替えこそ必要なものの、大量長距離輸送へ大きく前進した。以後、鶴田駅が主要な発送駅として機能していくことになる。

明治39（1906）年、宇都宮軌道運輸は野州人車鉄道を合併し、宇都宮石材軌道《うつのみやせきざいきどう》と改称する。ほぼ時を同じくして戸祭〜西原町間の軌道を敷設。石材産地と宇都宮市街地・鶴田駅とを結ぶ軌道網が完成した。

同年には、鉄道国有法が公布され、それまで主に私設鉄道だった全国の幹線鉄道が国有化された。日本鉄道（東北本線・日光線など）も国有化の対象となり、全国的な陸上輸送網のひとつとなった。これにより宇都宮周辺の軌道網は全国的な輸送体系と歩調をあわせて整備され、大谷石の搬路も大幅にのびることになった。

図Ⅲ－16　明治40年頃の宇都宮石材軌道株式会社材木町駅

用途の拡大と産業構造の変化

輸送ネットワークの構築が進み、大谷石の産出量が増加するにつれ、大谷石の使用方法や産業構造にも変化が生じる。

石瓦や壁の貼石だけでなく、建築物の構造材としての使用、つまり大谷石の積石造が普及していった。洋風建築の早い例として、明治36年には足利模範撚糸工場《あしかがもはんねんしこうじょう》（足利市、図Ⅲ－17）が、明治41（1908）年には、産出地の大谷において屏風岩《びょうぶいわ》石材《せきざい》の西蔵が築造されている。

また、生産拡大を背景に、明治32年に宇都宮石材問屋組合が結成された。組合の構成員は産出地よりも宇都宮に拠点を持つ業者が多く、宇都宮の商業資本家が産地の

図Ⅲ－17　旧足利模範撚糸工場（現・アンタレススポーツクラブ）

採石従事者を傘下に収め系列化したのである。販売業者が採石現場に深く関わることになるこの動きは、生産と販売の両方を行う大谷石の「問屋」※5という存在を考えるうえで重要である。

石材産業従事者の総数は不明だが、石工については明治19（1886）年、「荒針村他七か村」に「石工53人」であったものが、明治38（1905）年には「石工700人以上」となっている。産出量は、明治30年に年間4000トンであったものが、明治35（1902）年には4万トンと記録されている。石工数・産出量とも集計方法が不明で単純比較はできないが、急増しているのは明らかである。

明治34（1901）年には初めて栃木県河内郡の統計書に大谷石が記載された。地域の産物としての評価が確立したことがわかる。

宇都宮石材軌道は明治40（1907）年に軌道の複線化を完成させた。これは、陸軍第十四師団の宇都宮移駐に伴う需要に応じるとともに、月産2万トンの目標を掲げそれを実現するための輸送力増強でもあった。

しかし、鶴田駅からの発送が増産に対応しきれなかった。貨車不足が深刻化したため、宇都宮商工会議所は、国有鉄道を所管する逓信《ていしん》省に対し配車増を陳情している。にもかかわらず明治41（1908）年は輸送量が目標の半分にも達せず、大量の滞貨が発生したと記録されている。

大谷石産業は水運など、ほかの輸送手段を事実上持っていなかった。近代的輸送手段としては鉄道に頼らざるを得ず、鉄道輸送が大谷石産業の命運を握っていたといっても過言ではない。

そして、明治の末頃から鉄筋コンクリートの普及がはじまる。大

図Ⅲ-18 鶴田駅の石材輸送風景

※5：もともと卸売業者のことを指したが、大谷では採石と販売の両方を行うようになった

量輸送の道が開けるとほぼ同時に、大谷石はコンクリートとの競争と共存を余儀なくされた。発展のためには、増産とコスト低下は不可避であった。

　この頃、伊豆《いず》長岡《ながおか》（静岡県伊豆《いず》の国《くに》市、図Ⅲ－19）から来た石工が、大谷に「垣根《かきね》掘《ぼ》り」（P80図Ⅲ－49参照）の手法を伝えたという。垣根掘りは、横穴を掘りながら断面で採石可能な層を確認しつつ掘り進む方法であり、従来の平場《ひらば》掘《ぼ》り（P80図Ⅲ－49参照）に比べて効率が格段に良い。産業としての成長と職人の専業化が人材の広域移動による技術伝達をもたらし、それを増産のための新技術を必要としていた大谷が受け入れたのだろう。

図Ⅲ－19　伊豆長岡の石切場跡

　そして、垣根掘りで横穴を掘ったのちに、良質な石材を求めて下へ掘り進めることを繰り返すことで、地下へと採石坑が拡大することとなった。現在「地下迷宮」とも称される、特異な地下空間が出現することになる。

　石切従事者が増加したため、大正2（1913）年、石材問屋組合は、職人の組合結成の動きを規制し、職人が条件の良い石切場を求めて渡り歩くことを禁止するなどの協定を結んでいる。経営者側による労働者統制の動きと見られる。

軽便鉄道と石材ブランドの確立

　輸送力不足を解消するには、新規の鉄道路線を建設し国有鉄道と貨車を直通させるのが望ましいが、鉄道の建設基準が厳しいため実現は困難だった。ところが、全国的な鉄道建設の停滞などを受け、明治43（1910）年、国は基準を大きく簡易化した軽便《けいべん》鉄道法を発した。

　この法律に基づき、宇都宮石材軌道は大正4（1915）年、蒸気機関車を動力とし、国有鉄道と同じ軌間をもつ路線を荒針～鶴田間に開業した。これが宇都宮石材軌道の軽便鉄道線（軽便線、図Ⅲ－20）である。これで鶴田駅での積み替えがなくなり、産地と鉄道網が直接連絡された。軽便線はのちに荒針から瓦作・立岩（いずれも大谷町）まで延長されている。

図Ⅲ－20 軽便鉄道による大谷石輸送

大谷石業界は、軽便線開業を機に、大谷石の豊富な資源量と、蒸気動力・国有鉄道直通の利点を強調し、積極的な宣伝活動を行った。

こうして、より大量の輸送と使用が可能となったうえ、第一次世界大戦による好景気もあって、産出地近辺だけでなく、東京をはじめとする各地で多くの大谷石建造物が出現したのである。

図Ⅲ－21 安藤記念教会（東京都港区）

なかでも画期的なのは、フランク・ロイド・ライト※6の設計による帝国ホテル（東京都千代田区・愛知県犬山《いぬやま》市に一部保存、図Ⅲ－23）の

図Ⅲ－22 絹撚記念館（旧模範工場桐生撚糸合資会社事務所棟）

※6：アメリカの建築家。1913年帝国ホテル設計のため来日、旧山邑邸や自由学園明日館等も設計、遠藤新ら多くの弟子を育てた（1867 ～ 1959）

建設であろう。すでに、民家・銀行・工場・教会など洋風建築としての実績はあったが、土木材などの使用が多かった大谷石を、首都の顔のひとつとも言える帝国ホテルに用いたのである。さらに、落成式の当日に関東大震災が発生し、東京の多くの建築物が損壊・焼失した中で、被災が軽微であったことも、大谷石の評価を大きく高めた。耐震・耐火性能に優れた石材であるとの評判が広がったのである。

ただし大谷石がほかの石材に比べて特に耐震性が高いということではない。同ホテルが鉄筋コンクリートを使用していることや、軟弱地盤に対応した特殊な基礎構造としたこと及び光・熱源をスイッチ一つで調整できる電気としたことなどが、被災を軽減した要因とされる。大谷石の採用自体も、耐久性を評価したというより、石材の比較検討のなかで、加工のし易さと、産出量・輸送条件を考慮した結果という側面は否定できない。「耐震」は過大評価ではあるが、大谷石の名を世間に知らしめることとなったのである。

大谷石にとってライトの恩恵とは、大谷石を見いだし、その特性を理解して新たな価値を引き出したことである。大谷石という軟石の性質を利用した加工は伝統があったとはいえ、多様な大きさと形状の石材を用いて精巧で抽象的なデザインを生み出し、スクラッチタイルと共に施工する使用法は、大谷石の新たな可能性を拓いたものであり、その後の大谷石の使用方法に大きな影響を与えた。

関東大震災後、東京は職場と住居の分離が進み、住宅が山手線外周西側などの郊外に続々と建設された。石材ブランドとしての確立に加え、東京中心部の復興と郊外の開発により注文が激増し、大正13（1924）年には、24万8000トンを産出した。

一方では、関東大震災で組積造

図Ⅲ−23　帝国ホテル内装（写真提供：博物館 明治村）

図Ⅲ−24 控壁の例

の建築物が多数損壊したことにより、震災後建築物の耐震基準が定められた。以後地震に強いという世評とは裏腹に、建材としての大谷石は対応を迫られたのである。そのため控壁《ひかえかべ》（扶壁《ふへき》・バットレス、図Ⅲ−24）による強化や鉄筋コンクリート建築物の内外装への使用が進んでいった。

昭和初期の不況と新たな動き

日本は第一次世界大戦による好景気の反動で、大正9（1920）年から不況に陥っていたが、大谷石は大量生産と輸送力増強、そして震災後需要により、景気の波と直接は連動せず、ほぼ生産を拡大してきた。

しかし、昭和初期には、金融恐慌や政府の緊縮財政に加えて世界恐慌も波及し、日本経済は一層悪化した。大谷石もその波に呑み込まれて生産は急減し、昭和8（1933）年の約10万トンまで低下し続ける。

昭和4（1929）年の屏風岩石材部営業報告には、「再ビ立ツ能《あた》ハザルノ大悲況」「需要ハ全ク地ヲ払ウ」「セメント値下ゲノタメ圧迫」「値段ハ低下ノ底ヲ知ラズ」「失業ハ日々ニ増加」「大谷ノ現在…死シタルモノノゴトキ」など、悲鳴に近い記述がみられる。

この状況の中で労働争議も頻発する。当時日本各地で起こった労働運動の影響を受けて、大正15（1926）年には大谷石材労働組合が結成されているが、すでに職人は専業化し、仕事量に応じた出来高制の賃金が生活の糧となっていた。減産や失業に対する保障がない状態では、職人の要求は切実なものだったであろう。

このように、極めて厳しい状況に陥った大谷石業界は、公共事業での大谷石使用を要望するなど、懸命の販売促進活動を展開した。

その動きの中で、さまざまに工夫を凝らした建築物が建設された。旧大谷公会堂《こうかいどう》（大谷町）は石蔵などに多く用いられた積石造であり、旧宇都宮商工会議所（中央本町・睦町に一部保存、図Ⅲ−25）・カトリック松が峰教会聖堂（松が峰1丁目、P101図Ⅳ−23）・日本聖公会《せいこうかい》宇都宮聖ヨハネ教会礼拝堂（桜2丁目、P101図Ⅳ−24）は鉄筋コンクリート構造に大谷石を組み合わせた建築物である。設計思想にあわせて柔軟に大谷石を使用することで、それぞれが個性を発揮している。

図Ⅲ−25 旧宇都宮商工会議所（部分）

　鉄道輸送にも変化が見られる。大手私鉄は、ターミナルビルや住宅開発など新たな業態を導入していたが、観光輸送もそのひとつだった。東武鉄道は昭和4年、日光《にっこう》（日光市）への観光輸送を目的に東武日光線を開通させ、昭和6（1931）年に新栃木駅から分岐する東武宇都宮線を開業。同時に宇都宮石材軌道を合併した。

　宇都宮石材軌道は、軽便線開業以来、軌道線の石材輸送の重要性が低下したうえ、大谷街道に乗合バスが進出したことにより、人車軌道の旅客部門が極めて不振に陥った。一方、東武など大手私鉄は既存路線を編入するなどして事業拡大を行っていた。そうした両社の事情が合併の背景にあった。

図Ⅲ−26 大谷地域を走る乗合バス（手前は姿川の護岸）
（写真提供：大谷石材協同組合）

　東武宇都宮線西川田《にしかわだ》駅と宇都宮石材軌道軽便線は接続され、大谷石輸送が始まった。これが東武鉄道大谷線であり、以後、大谷石の発送は西川田駅が中心となる。

人車軌道は、合併後大半が廃止されたが、大谷地区内の路線は、石切場から荒針・瓦作・立岩各駅まで短距離の石材輸送を継続した。

戦争と大谷石産業

大谷石の業界団体は幾度かの改編を経て、昭和7(1932)年、宇都宮の業者が主導する大谷石材協会が設立されるが、昭和10年(1935)年には、産出地に基盤を持つ業者が別に大谷石材産地営業組合を設立する。両者はしばらく併存するが、利害が共通する部分では協力しており、対立関係だったわけではない。しかし、宇都宮の業者に対して、産出地が主体性を強めていった。

産出量は、満州事変以降景気が上向きに転じたことなどで、昭和9(1934)年から増加し、日中戦争開始後も昭和15(1940)年まではおおむね増加で推移する。

しかし戦争の長期化により、経済統制が強化され、自由な経済活動は困難になり、業界団体は大谷石材工業組合に一本化されることとなった。

昭和16(1941)年の太平洋戦争開戦後は大谷石も軍需《ぐんじゅ》優先となり、業界団体も完全な官製国策団体と化して、産業としての自律性はほぼなくなった。昭和18(1943)年には、民需用は全産量のわずか0・5パーセントまで激減した。さらに、徴兵や徴用により労働力の確保が困難になり、機材など採石用物資の不足も著しくなる。また、戦争末期には地下採石場が軍用・軍需用の工場などに使用されるといった制約も受けた。このため出荷量は急減し、昭和20(1945)年には約1万8000トンまで低下。軌道・鉄道輸送が定着して以降最低の出荷量となった。

図Ⅲ-27 大谷渡辺山工場（写真提供：国立国会図書館）

戦時中の地下軍需工場

太平洋戦争末期の日本本土空襲が始まる2年前の昭和17年、中島飛行機製作所は激化する戦争に備え、大谷石採石による地下空間に目を付けた。同年10月には基礎調査を始め、翌年早々には新たな坑道や連絡道の掘削を始めた。また主な採石場は工場として借り上げられ、採石業はほとんど停止していた。

昭和18年秋頃には、工作機械等の据え付けが終えた箇所から順次生産が開始された。工場は約8万㎡が計画され、そのうちの約5万8,000㎡（72％）が稼働した。

従業員は約8,900名で動員学生も多かった。工場への通勤は徒歩のほか、鶴田駅から荒針駅までの石材輸送用の東武鉄道大谷線が用いられた。

戦後米国戦略爆撃調査団が訪れ詳細な調査を行っていったが、日本各地で造られた地下工場の中で、最大で生産体制が最も充実していたと評価している。

地下工場では多数の機体部品のほか、翼と胴体の完成品が4機分、エンジンが11基製造された。

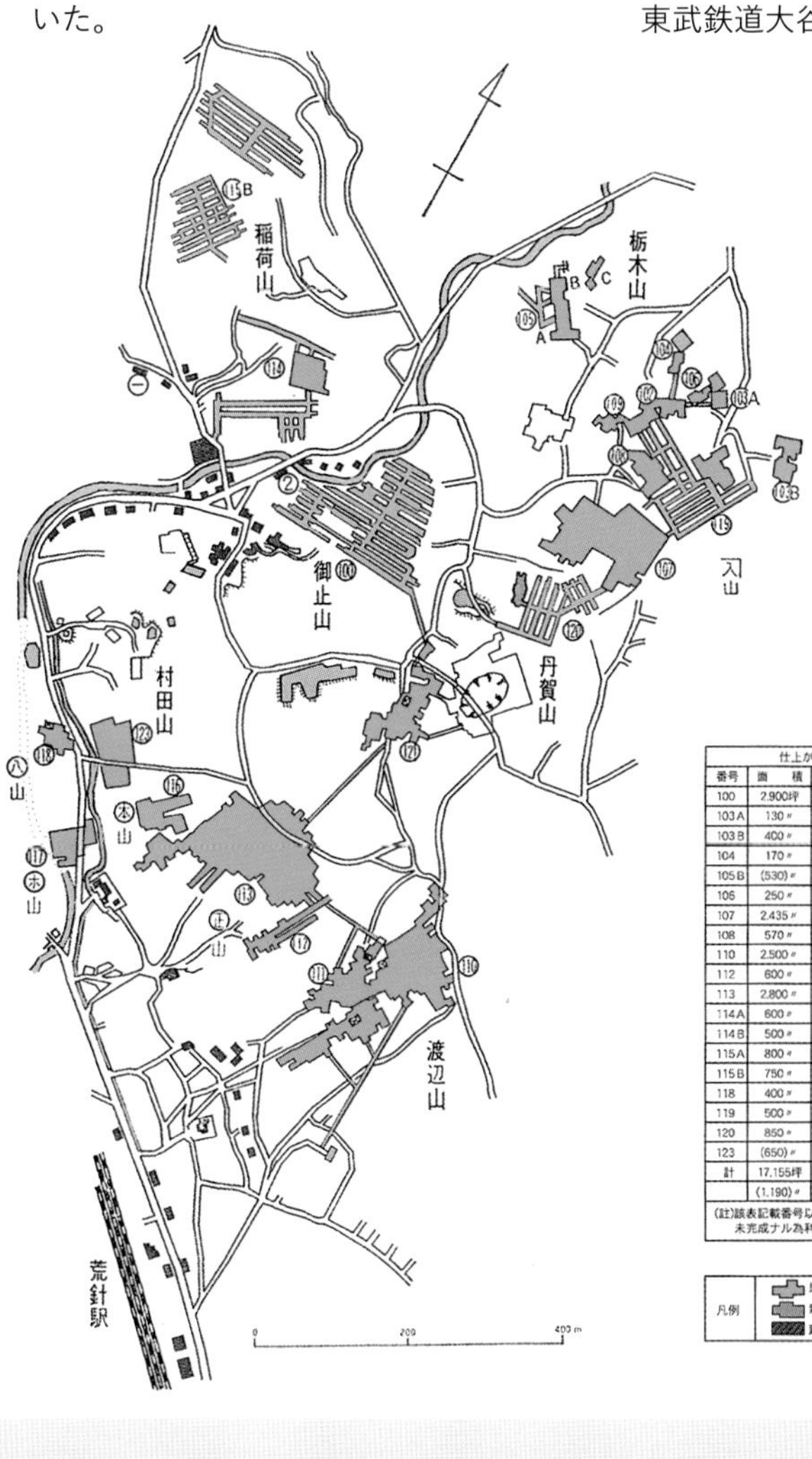

仕上がり有効面積調表			
番号	面　積	換算面積	備　考
100	2.900坪	9.750㎡	
103A	130〃	430〃	
103B	400〃	1.320〃	
104	170〃	560〃	
105B	(530)〃	(1.750)〃	未完成
106	250〃	825〃	
107	2.435〃	8.040〃	
108	570〃	1.880〃	
110	2.500〃	8.250〃	
112	600〃	1.980〃	
113	2.800〃	9.245〃	未完成
114A	600〃	1.980〃	
114B	500〃	1.650〃	
115A	800〃	2.640〃	
115B	750〃	2.475〃	
118	400〃	1.320〃	
119	500〃	1.650〃	
120	850〃	2.805〃	
123	(650)〃	(2.160)〃	未完成
計	17.155坪	56.620㎡	
	(1.190)〃	(3.930)〃	

(註)該表記載番号以外ノ各箇所ハ未着手又ハ未完成ナル為利用出来ザルヲ以テ記載セズ

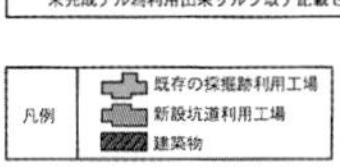

地下工場配置図

3 大谷石生産の最盛期へ

戦後の復興と変化

　終戦直後の昭和20（1945）年秋にはすでに10社以上が採石を再開しているが、その後も順調に回復し、昭和24（1949）年には早くも出荷量が20万トンを超えた。戦争終了による経済統制解除や職人の復帰で生産能力が回復するとともに、戦後復興が大谷石の需要をもたらしたのである。

　石材業者の組合は、国策組合に代わって民間の組合が再結成され、その後の変遷を経て今日まで続く大谷石材協同組合が生まれた。以後、同組合が生産の近代化や安全対策など、さまざまな課題への対応で中心的な役割を果たしていく。戦後の組合では、宇都宮市街地の業者の比率が下がり、産出地の業者が主導権を持つようになる。

　戦後の改革は、大谷石業界にも影響を与えた。昭和22（1947）年の労働基準法制定を機に、職人の労働環境改善への取り組みが始まる。そのひとつには女性の坑内労働禁止があるが、生計を支える実態があるなど、急な廃止ができず、数を減らしながらも、その後十年以上続いたという。

　昭和24年から常傭《じょうよう》職人の日給制と、出来高制《できだかせい》職人の最低賃金制が導入される。出来高制はその後も続くが、一種の基本給ができることで、雇用と生活の安定化に進むことになった。

　大地主制を解体する農地改革では、小作地を国が地主から強制的に買い上げて小作人に安価で売り渡すことが行われた。採石地の地表が耕作されている場合には、従来の山主が権利を失うこともあった。

　労働基準法が一定規模以下の事業所には適用されなかったことや、農地改革による所有権の移転などにより、昭和20年代には小規模な石材業者が多く生まれたという。

　石材としての利用に目を向けると、大谷石以外の石材では組積造の新築はなくなりつつあった。しかし、大谷石については、積石造の倉庫が昭和20～30年代に多数建設された。補強などを行うことで強度が確保できたことと、大谷石が大量に入手できたからと考えられる。

図Ⅲ-28　レストラン石の蔵（旧食料品倉庫）［東塙田２丁目］

図Ⅲ-29　わたらせ自然館（旧米蔵）［群馬県板倉町］

その一方で、昭和22年の紀伊国屋書店（東京都新宿区）・昭和26（１９５１）年の神奈川県立近代美術館鎌倉（神奈川県鎌倉市・現鎌倉文華館鶴岡ミュージアム）・昭和30（１９５５）年の国際文化会館（東京都港区）など、デザイン性を重視した非構造材としての利用も行われていく。

大谷石の出荷量は、昭和28（１９５３）年には25万トンを超え、それまで最大だった昭和３（１９２８）年の記録を更新した。採石を人力で行っていた時期のこの生産量は驚異的ともいえる。

しかし、昭和29（１９５４）年には、生産量はわずかに減少する。戦災復興需要が落ち着いたことに加え、ブロック建材の販売が開始され急速に普及したことが原因である。

この頃の日本は、高度経済成長期に入りつつあった。大谷石産業は、成長期の需要をつかむため、古くて新しい課題である増産と価格の引き下げ、輸送力強化に取り組まなければならなかった。

機械化とトラック輸送

増産と価格の引き下げの方法は採石・加工の機械化だった。昭和27（１９５２）年から屏風岩石材の渡辺宏之《わたなべひろゆき》を会長とする大谷石材協同組合機械化研究委員会が機械化の検討を開始した。

当時国内には、大谷石のような軟石《なんせき》を切断する機械がなく、開発は困難を極めたという。そのためフランス製の裁断機《さいだんき》ＰＰＫ１２５を輸入するなどして試作を重ねた。

昭和29年には石材協同組合の予算の半分を購入・開発に費やしたという。

その後、昭和30(1955)年には石材の裁断機が、昭和32(1957)年には平場《ひらば》用の採掘機が実用化された。普及は急速に進み、昭和35(1960)年頃までにはほぼすべての採石場が機械化されたという。こうして価格を抑えたまま大量生産が可能となり、需要も急増。それがまた新たな増産につながるという循環が生まれた。

輸送では、産出地から消費地まで積み替えなしの運搬ができ、列車ダイヤに縛られないトラックの利便性が鉄道を圧倒していく。

まず採石場から大谷線の最寄り駅までの運搬がトラックに移行し、昭和27年には人車の大谷軌道線が廃止となった。こうして先に短距離輸送がトラックに転換していく。

中・長距離輸送については、トラックの普及や性能向上のほか、道路事情の改善も大きな要因となった。昭和20年代までは国道ですら未舗装で幅員が狭い道が大半

図Ⅲ-30 機械掘りによる採石(丸ノコ型)
(写真提供:大谷石材協同組合)

図Ⅲ-32 機械掘りの痕跡

図Ⅲ-31 裁断機(PPK125)によるデモンストレーションの様子
(写真提供:大谷石材協同組合)

であった。しかし昭和30年頃より道路改良は急速に進展する。道路舗装率を見ると、昭和35年には全国の国道舗装率が50％近くに、昭和40（1965）年には70％に迫っている。本格的な道路輸送が可能になったのである。

鉄道からトラックへの移行は急速に進み、昭和34（1959）年には出荷量の約90％がトラック輸送になった。そして昭和39（1964）年、ついに東武鉄道大谷線は廃止され、近代の大谷石産業を支えてきた鉄道輸送は終焉を迎えた。

史上最大の産出量

一時減少した大谷石の生産は、昭和32年から再度増加に転じ、年々大幅な増加を続ける。昭和30年代前半には年産30万トンを、昭

図Ⅲ－33　最後の初荷（昭和39年）

図Ⅲ－34　採石場からトラックで運ばれ貨車に積み替えられる

図Ⅲ－35　東武鉄道37号蒸気機関車

図Ⅲ－36　トラックで運ばれる大谷石
（写真提供：大谷石材協同組合）

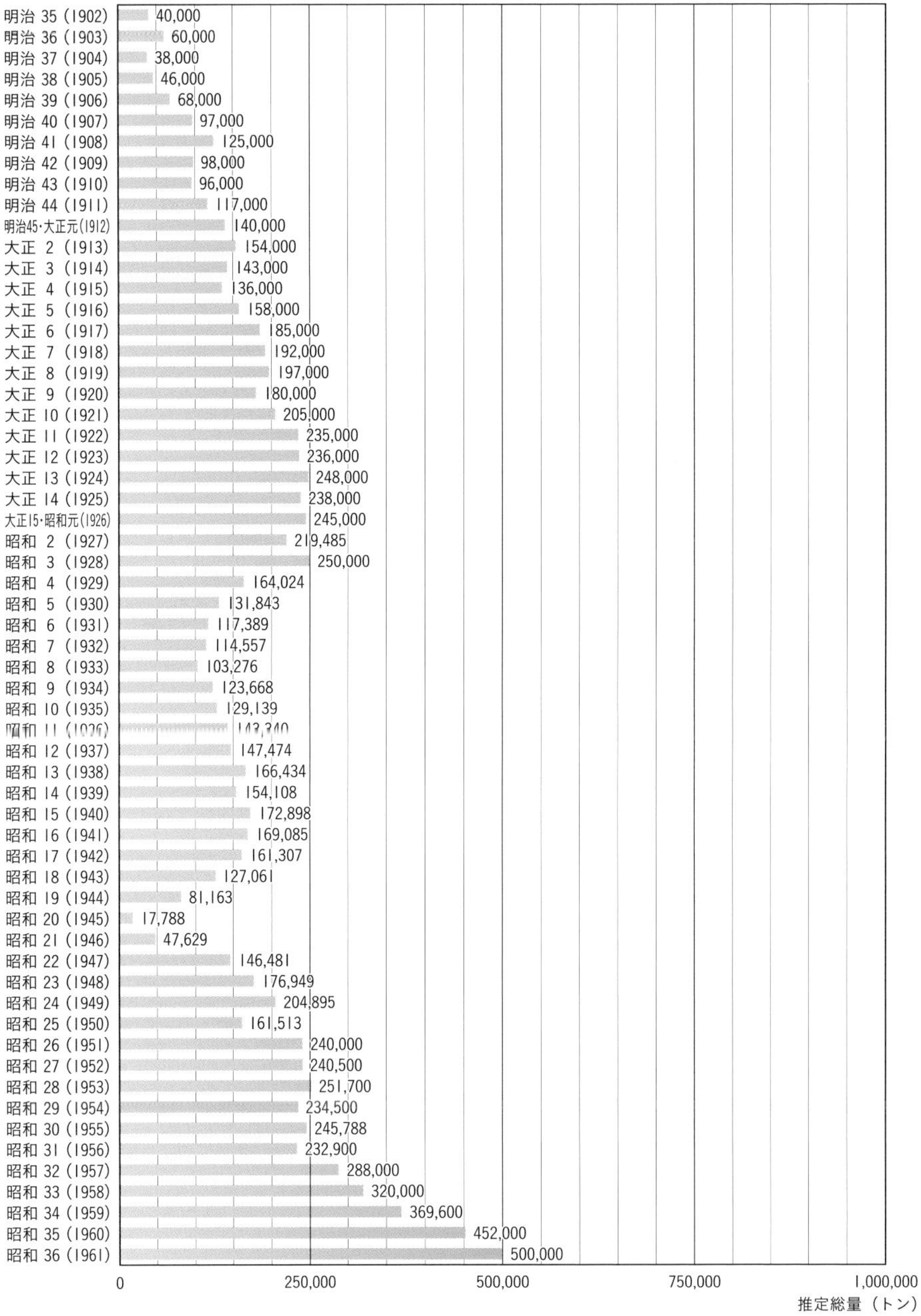
明治 35 (1902) 40,000
明治 36 (1903) 60,000
明治 37 (1904) 38,000
明治 38 (1905) 46,000
明治 39 (1906) 68,000
明治 40 (1907) 97,000
明治 41 (1908) 125,000
明治 42 (1909) 98,000
明治 43 (1910) 96,000
明治 44 (1911) 117,000
明治45・大正元(1912) 140,000
大正 2 (1913) 154,000
大正 3 (1914) 143,000
大正 4 (1915) 136,000
大正 5 (1916) 158,000
大正 6 (1917) 185,000
大正 7 (1918) 192,000
大正 8 (1919) 197,000
大正 9 (1920) 180,000
大正 10 (1921) 205,000
大正 11 (1922) 235,000
大正 12 (1923) 236,000
大正 13 (1924) 248,000
大正 14 (1925) 238,000
大正15・昭和元(1926) 245,000
昭和 2 (1927) 219,485
昭和 3 (1928) 250,000
昭和 4 (1929) 164,024
昭和 5 (1930) 131,843
昭和 6 (1931) 117,389
昭和 7 (1932) 114,557
昭和 8 (1933) 103,276
昭和 9 (1934) 123,668
昭和 10 (1935) 129,139
昭和 11 (1936) 143,340
昭和 12 (1937) 147,474
昭和 13 (1938) 166,434
昭和 14 (1939) 154,108
昭和 15 (1940) 172,898
昭和 16 (1941) 169,085
昭和 17 (1942) 161,307
昭和 18 (1943) 127,061
昭和 19 (1944) 81,163
昭和 20 (1945) 17,788
昭和 21 (1946) 47,629
昭和 22 (1947) 146,481
昭和 23 (1948) 176,949
昭和 24 (1949) 204,895
昭和 25 (1950) 161,513
昭和 26 (1951) 240,000
昭和 27 (1952) 240,500
昭和 28 (1953) 251,700
昭和 29 (1954) 234,500
昭和 30 (1955) 245,788
昭和 31 (1956) 232,900
昭和 32 (1957) 288,000
昭和 33 (1958) 320,000
昭和 34 (1959) 369,600
昭和 35 (1960) 452,000
昭和 36 (1961) 500,000
0
250,000
500,000
750,000
1,000,000
推定総量（トン）

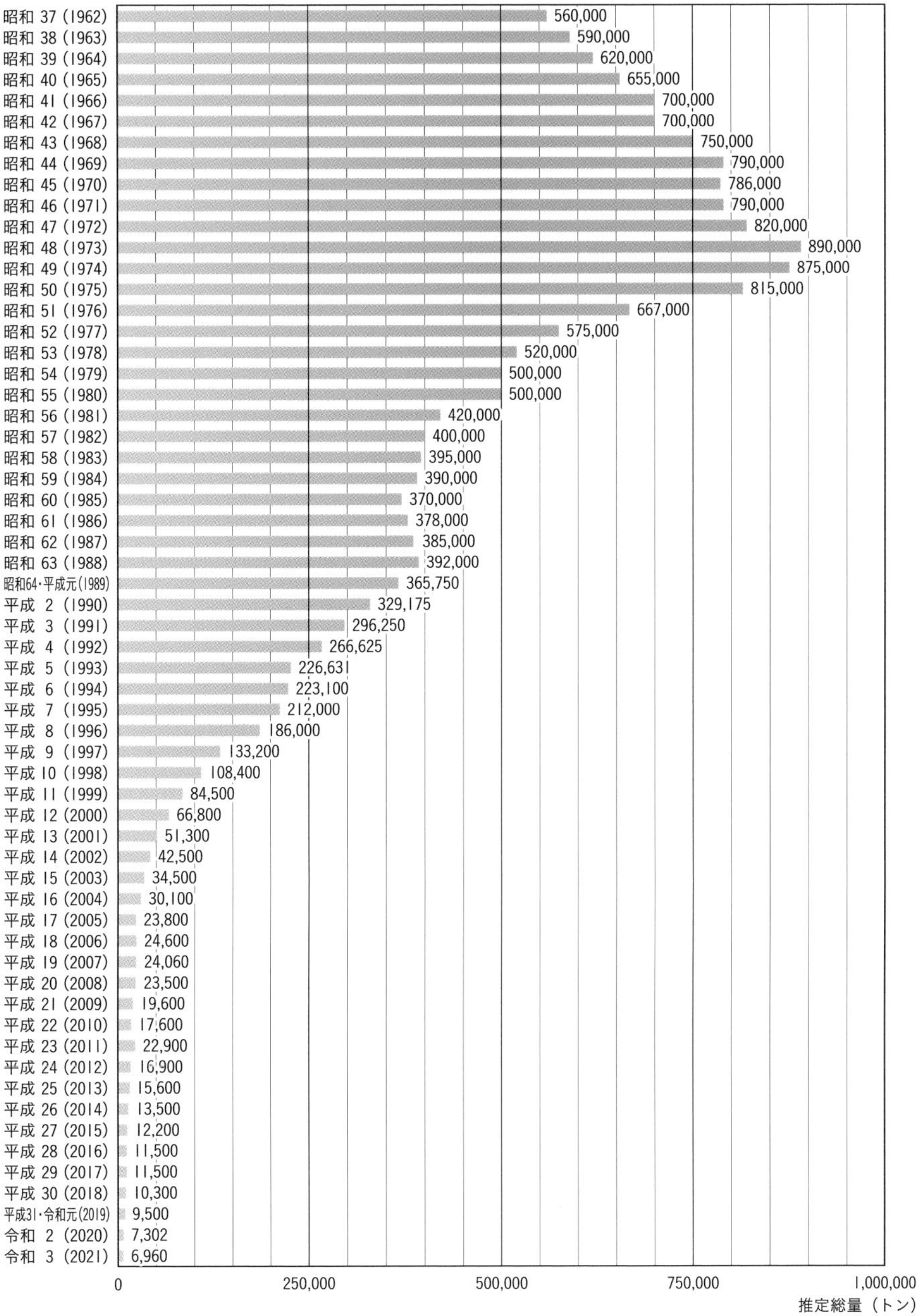
昭和 37 (1962) 560,000
昭和 38 (1963) 590,000
昭和 39 (1964) 620,000
昭和 40 (1965) 655,000
昭和 41 (1966) 700,000
昭和 42 (1967) 700,000
昭和 43 (1968) 750,000
昭和 44 (1969) 790,000
昭和 45 (1970) 786,000
昭和 46 (1971) 790,000
昭和 47 (1972) 820,000
昭和 48 (1973) 890,000
昭和 49 (1974) 875,000
昭和 50 (1975) 815,000
昭和 51 (1976) 667,000
昭和 52 (1977) 575,000
昭和 53 (1978) 520,000
昭和 54 (1979) 500,000
昭和 55 (1980) 500,000
昭和 56 (1981) 420,000
昭和 57 (1982) 400,000
昭和 58 (1983) 395,000
昭和 59 (1984) 390,000
昭和 60 (1985) 370,000
昭和 61 (1986) 378,000
昭和 62 (1987) 385,000
昭和 63 (1988) 392,000
昭和64・平成元(1989) 365,750
平成 2 (1990) 329,175
平成 3 (1991) 296,250
平成 4 (1992) 266,625
平成 5 (1993) 226,631
平成 6 (1994) 223,100
平成 7 (1995) 212,000
平成 8 (1996) 186,000
平成 9 (1997) 133,200
平成 10 (1998) 108,400
平成 11 (1999) 84,500
平成 12 (2000) 66,800
平成 13 (2001) 51,300
平成 14 (2002) 42,500
平成 15 (2003) 34,500
平成 16 (2004) 30,100
平成 17 (2005) 23,800
平成 18 (2006) 24,600
平成 19 (2007) 24,060
平成 20 (2008) 23,500
平成 21 (2009) 19,600
平成 22 (2010) 17,600
平成 23 (2011) 22,900
平成 24 (2012) 16,900
平成 25 (2013) 15,600
平成 26 (2014) 13,500
平成 27 (2015) 12,200
平成 28 (2016) 11,500
平成 29 (2017) 11,500
平成 30 (2018) 10,300
平成31・令和元(2019) 9,500
令和 2 (2020) 7,302
令和 3 (2021) 6,960
0
250,000
500,000
750,000
1,000,000
推定総量（トン）

図Ⅲ- 37 大谷石生産量の変遷（明治35年～令和3年：大谷石材協同組合提供資料・『宇都宮市史』による）

和30年代後半には50万トンを超え、ついに昭和48（1973）年、史上最大の89万トンを産出するに至った。昭和30年代～50年代は、大谷石の歴史の中でも空前の生産量を誇る時期となったのである。

　昭和29年には、主な石材産地である城山村・国本《くにもと》村・富屋《とみや》村は、合併により宇都宮市となっていたが、最盛期には当時の金額で年間90億円以上を売り上げた大谷石は、同市にとっても経済上重要な地位を占めるようになっていった。

　明治35（1902）年から令和3（2021）年までの大谷石生産量を推計すると、約3000万トンである。うち採掘機が導入された昭和31（1956）年以前の産出量は約800万トン、昭和32年以後は約2200万トンとなる。とりわけ年間産出量が30万トンを超えていた昭和33（1958）年から平成2（1990）年までの30年強で約2000万トンを掘り出しており、この時期いかに大量の大谷石が掘り出されたかがわかる。

　最大の消費地が東京方面であった。その背景にあったのは、東京圏の急激な人口増加とそれに伴う住宅開発である。東京の人口は高度成長期に倍増し1000万人を超えるに至った。大谷石は、東京都及び隣県の丘陵地に続々と建設された住宅地の擁壁《ようへき》（石垣）や石塀あるいは住宅の基礎となっていったのである。大谷石生産量が最大であった昭和48年は、日本の新規住宅着工件数が最高を記録した年でもある。

　大量生産によって宇都宮など産出地周辺での使用量も増加し、大谷石の存在感を増加させていった。また、現在、日本各地で見かける大谷石は、この時代に運ばれたも

	都道府県名	切石生産量	備　考
1	栃木県	876,028	凝灰岩（大谷石、多気石等）の大産地
2	福島県	732,652	阿武隈山地系より産出される花崗岩（牡丹石・浮金石）が主体
3	茨城県	247,515	花崗岩（稲田石・真壁石・羽黒石）の大産地
4	滋賀県	170,621	
5	山口県	97,032	瀬戸内海の島々から花崗岩（徳山石）を産出
6	岡山県	80,932	瀬戸内海の島々から花崗岩（北木石）を産出
7	宮城県	72,333	凝灰岩（松島石・野蒜石・かつぎ浦石）を多く産出 粘板岩（稲井石・雄勝石・玄昌石）も採石
8	青森県	71,826	
9	香川県	62,410	花崗岩（庵治石・小豆島石）を産出
10	愛知県	57,359	

表Ⅲ- 02 県別切石生産量ベスト10（昭和51年時）参考：『石材・石工芸大事典』（1978）

のが多い。

現在目にする大谷石のある風景は、江戸時代以来の蓄積の結果であることはもちろんだが、機械化以後に相当部分が形成されたことは間違いない。

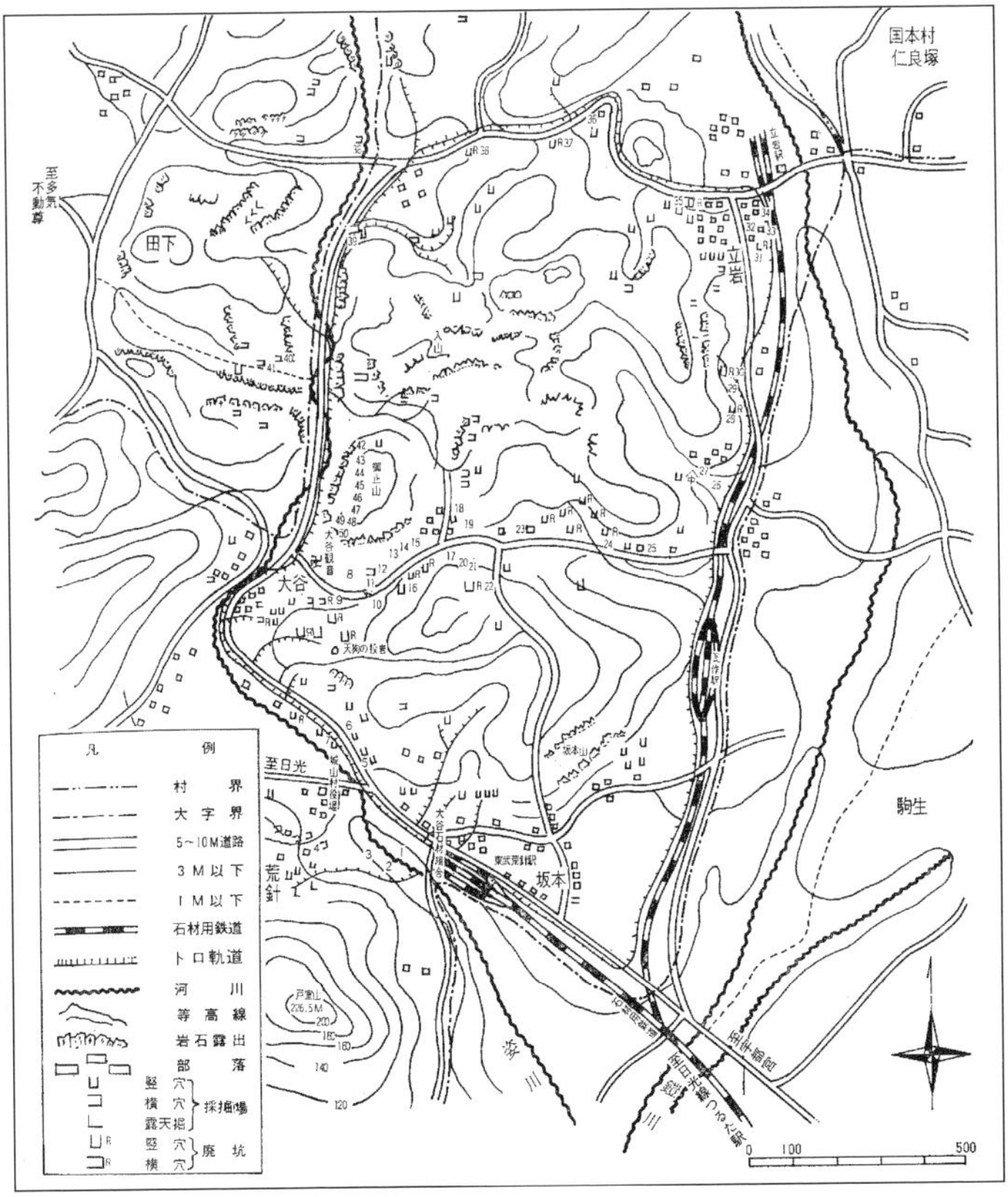

図Ⅲ-38「大谷石材地区地図」昭和30年代〜昭和47年（1972）以前
（『宇都宮市史 第7巻 近現代』より）

図Ⅲ-40 東京近郊の住宅地の石塀と擁壁

図Ⅲ-39 宇都宮の住宅地の石塀と擁壁

大谷石の輸送②
〜軌道・鉄道の痕跡〜

石材輸送を担った鉄道・軌道は廃止後、大部分が道路となるなどして消滅した。しかし当時のおもかげをとどめる物件がいくつか現存している。

宇都宮石材軌道２号機関車
（おもちゃのまち駅前）

野州人車鉄道の鎧川橋梁の橋台（新里町）

荒針〜瓦作間の軌道・鉄道跡（大谷町）

宇都宮石材軌道軽便線の橋台（鶴田駅付近）

東武鉄道大谷線の橋梁（西川田町）

4 現代の大谷石産業と大谷石文化

新たな可能性を探る

昭和48（1973）年に最大に達した大谷石産出量は、翌年から減少を続ける。右肩上がりだった日本の経済成長は、第1次オイルショック後は次第に安定成長へ移行していく。昭和50年代以降も首都圏における宅地造成はペースを落としつつも継続するが、水の浸食に弱い大谷石よりも耐久性が高く、かつ安価で容易に大量生産可能な素材が普及したことと、耐震基準の厳格化などにより、大谷石の需要は減少していった。

大谷石産業は産業規模の拡大を追い求める時代を終えた。振り返れば、大谷石産業は採石・加工しやすい石質と豊富な埋蔵量、大消費地に近いという地の利を生かし、輸送と採石の改良を通じて大量生産によるコスト低下を行い、ほかの素材との競争と共存を図りつつ、明治以降の近代化と経済成長に伴う需要をつかみ続けた100余年間だった。

だが、産出量や経済規模は縮小したが、大量生産・大量消費の時代には見られなかった、あるいは目立たなかった取り組みが大きな意味を持つようになってきた。

非構造材としての利用は江戸時代以来の伝統を持つが、機械を利用した加工技術の発達で形状や大きさの設定が自由になるとともに、耐久性を高める技術も開発されている。そのため、大谷石の質感を生かし、現代工法と調和させたインテリアやエクステリアの素材として多様な利用が見られるようになった。

大谷石の建物そのものに美的価

図Ⅲ-41　宇都宮市教育センター（天神1丁目）

値を見いだす動きは、早くは民藝《みんげい》運動の提唱者である柳宗悦《やなぎむねよし》※1までさかのぼる。柳は昭和初期から、大谷石建造物、なかでも石屋根に注目し、石屋根の長屋門を購入して自宅に移築したり、石屋根の調査を行ったりした。

　しかし、時代が大きく下った1990年代頃からは、大谷石の建造物が経年劣化などを理由に取り壊される事例が増えてきた。そうした中で「大谷石の建物」であることに価値を見いだして既存の大谷石建築物を再利用し、保存と実用を両立する物件が増えている。それには、石でありながら柔らかさやあたたかみを持つ大谷石の独特な質感が見直されたこと、また、現行の耐震基準に適合させる手法が進んだことも背景にある。

図Ⅲ- 42　ライトキューブ宇都宮

図Ⅲ- 43　おしゃらく内装

　また、建造物全体の利用には至らなくても、解体などで発生した石材を廃棄するのではなく、再生利用する事例も増加している。再生利用は持続可能な開発目標（SDGs）の観点からも推進が検討されるべき取り組みである。

図Ⅲ- 44　ちょっ蔵広場（高根沢町宝積寺）

※1：東京生まれ。美術評論家で民藝運動の提唱者。大正末期頃から民芸美論を唱えて日本全国から海外まで旅行し、多くの民芸品を収集。志賀直哉、濱田庄司、バーナード・リーチなどと交流を持ち、民藝運動の普及に努めた（1889 ～ 1961）

図Ⅲ− 45　冷熱利用によるイチゴ栽培

図Ⅲ− 46　現在も続く坑内掘り

採石場跡の地下空間の利活用については、後述の観光面のほか、安定した温湿度を利用した食品貯蔵や、地下貯留水の冷熱利用による農産物栽培などが行われている（図Ⅲ−45）。

観光、そして大谷石文化へ

大谷石産業を広くとらえれば、観光もそのひとつである。古くから知られていた信仰の対象としての大谷寺はもちろん、大谷には自然が形成した景観と採石により人間が作り出した景観に加え、採石場跡の地下空間や、現在も採石が続く採石場があり、大谷には独特な石をめぐる「大谷石文化」が揃っている。なお、全国的には軟石の石材産地が商業ベースでの採石を終了していく中で、今も操業を継続している点は強みである。

すでに大正時代には大谷磨崖仏の文化財指定が行われている。しかしそれは大谷石という素材によるというよりは、歴史的・学術的・美術史的価値が評価されたものであった。

これに対して、21世紀になると、大谷石自体に関わるものを文化・文化財としてとらえる動きが本格的に始まった。

水により浸食された大谷石の岩山が田園地帯にそそり立つ景勝には鑑賞的価値があるとして、姿川沿いの岩山群の一部が、平成18（2006）年に国の名勝「大谷の奇岩群　御止山《おとめやま》　越路岩《こしじいわ》」に指定されている。

文化庁が平成27（2015）年か

ら導入した「日本遺産」は、従来の文化財指定の枠組みではなく、地域の特徴となる伝統や文化を、ストーリーとして認定する制度である。大谷石については、平成30（2018）年、「地下迷宮の秘密を探る旅　大谷石文化が息づくまち宇都宮」として、38件の構成文化財をもとに認定された。宇都宮市内の大谷石に関わる文化財が、指定・未指定、有形・無形を問わず含まれ、生産・加工に関わるものから建造物・工作物までが網羅されている。大谷石の使用は宇都宮市域を大きく超えたものであることはもちろんであるが、この日本遺産は生産から利用までの経過を示す物件が濃密に分布する宇都宮市を舞台に認定されたものであり、大谷石文化をまさにストーリーで語れる内容となっている。

大谷石を文化としてとらえる動きは、石材としてだけではなく、その独自の外観・質感が織りなす自然および人工的な風景と、大谷石がたどってきた歴史に価値を見いだすことで生まれてきたものである。

図Ⅲ- 47　日本遺産認定セレモニー

現在、産出地である大谷地区の景観を、文化財保護法上の文化的景観（「地域における人々の生活又は生業《せいぎょう》及び当該地域の風土により形成された景観地《けいかんち》で、我《わ》が国民の生活又は生業の理解のため欠くことのできないもの」）ととらえ、保全のための検討が進められている。

図Ⅲ- 48　名勝「大谷の奇岩群」

5 大谷石産業を支えた技術

石切り※1の歴史

大谷石を切り出す場所を、大谷地区ではイシヤマ(石山)とかヤマ(山)と呼んでいた。昔から大谷石はどのようにして掘られてきたのだろうか。

大谷石は古くは古墳時代に古墳の石室に用いられたことが分かっている。しかし当時の石切りの方法等は分かっていない。ところが江戸時代の古文書から、それ以前の古い時代の掘り方の様子をうかがい知ることができる。

安政5(1858)年の岩原村・新里村と宇都宮町方の石屋との対立の際に、岩原村と新里村が藩に提出した文書の中に「…地表で掘れる石が尽き、特別に職人を雇って表土を取り除かなくてはならない。」という記載がある。その当時までは、地表に露出している岩(露頭《ろとう》)を採石していたことがうかがえる。このような掘り方を本書では「露頭掘り」と呼ぶ。江戸時代末期に岩を露出させるため、表土を除去せざるを得なかったということは、平坦面を掘る「平場《ひらば》掘り」の技術が未熟だったためと思われる。このことからシツヌキ(P81参照)をして採石する「平場掘り」の技術の導入は、江戸時代末以降の可能性がある。

明治末から大正初期にかけて、静岡県伊豆長岡(現・伊豆の国市)から、垂直の面を横方向に掘り進める

露天掘り	露頭掘り	古代からの採石形態で、地表に露出している岩（露頭）を採石する。斜面から石をえぐり採る方法では、採石した面は半洞窟状になる。（大谷資料館駐車場北側の洞窟状のスペースに見られる）
	平場掘り	シツヌキの技術を用いて、平坦な面からも採石できるため、広く大規模に採石することができるが、炎天下や雨天では作業が困難になる。（大谷公園や大谷資料館の駐車場がその跡地）
坑内掘り	垣根掘り	採石跡の垂直面や山の中腹に対し、トンネル状に横穴を掘り、石を立てた状態で切り出していくので特殊技術が必要。（大谷資料館駐車場北側の垂直斜面上部に、水平に入っている細長い横穴）
	平場掘り	垣根掘りの横穴は、高さ約140cmしかなく、そこに入って下へ下へと掘っていく。方法は露天の平場掘りと同じだが、掘り始めの頃の背が立たない状態での作業はきつい。（大谷資料館内部の空洞）

★これらの掘り方の組み合わせによって、さまざまな採石形態がある。

表Ⅲ- 03 大谷石の採石形態の分類

※1：大谷石を掘り出すことを地元では「イシボリ」(石掘り)や「イシキリ」(石切り)と呼んでいるが、ここでは「イシキリ」で統一する

「垣根《かきね》掘り」の技術が導入された。その結果、壁面で見える「ミソ」が少ない層の良質な部分から採石できるようになり、採石の効率が向上した。これにより山頂直下付近に「垣根掘り」による横穴を掘った後、柱を残して「平場掘り」した結果、山頂を残して空洞ができる（大谷資料館の西側等）大谷独特の景観が生まれた。

また、大谷石の層は東に向かって緩やかに傾斜しているため、立岩・瓦作付近の良質な層は地下に存在する。そこで地表から目的の層まで「竪坑《たてこう》」を掘った後、「垣根掘り」で横穴を広げ、そこから坑内の「平場掘り」で採石した。

このようなさまざまな掘り方の組み合わせにより、生産量が飛躍的に増大したのである。

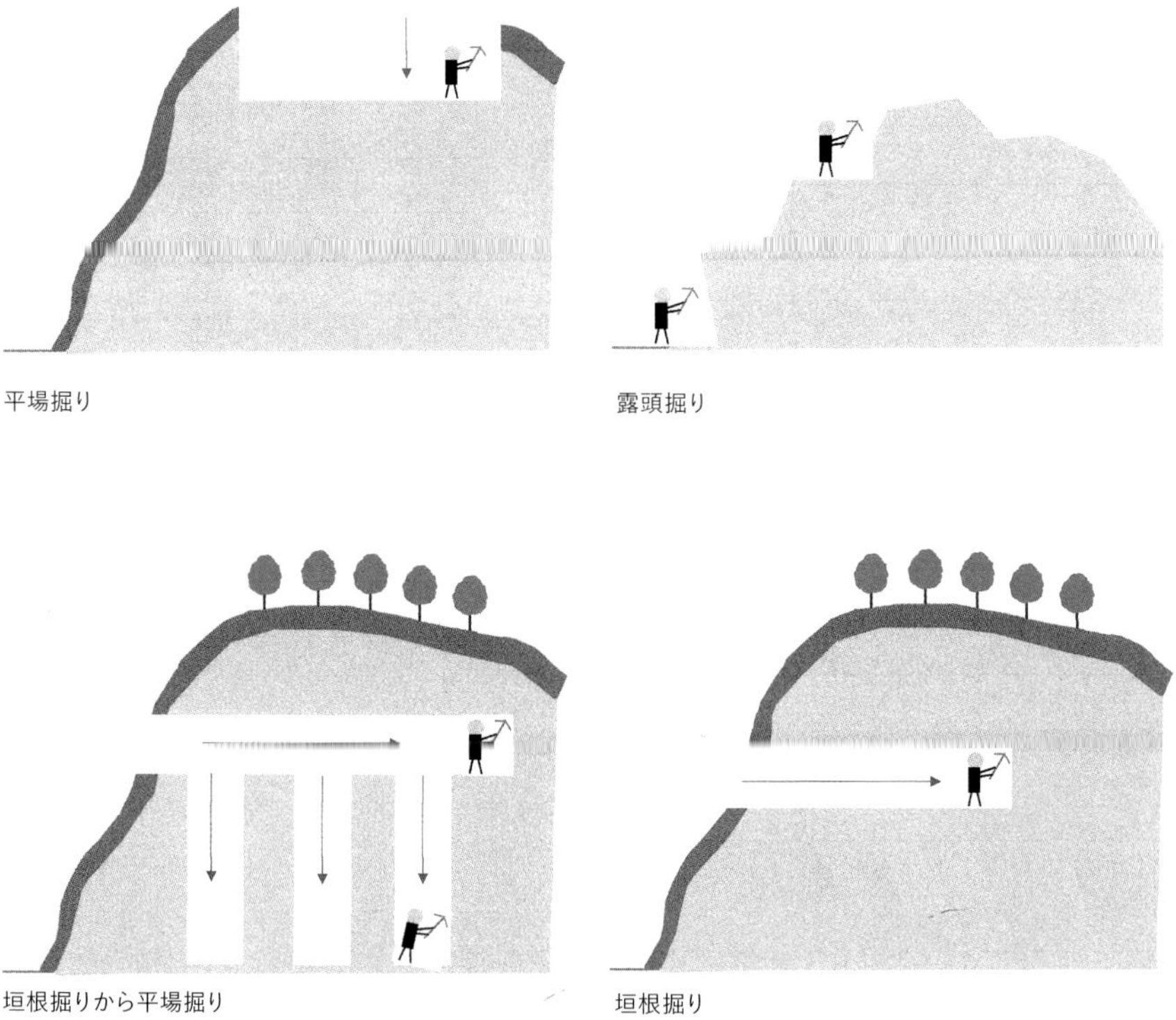

図Ⅲ- 49 採掘方法

平場掘り

それでは、大谷石を切り出す方法はどのようなものであるのだろうか。

平場掘りの場合は、表面の凹凸を馴らし、平らになったところで実際に切り出す石に合わせて墨壺《すみつぼ》を用いて墨入れ（線を引く）をしていく。一般的な大谷石の規格は、長さ3尺《しゃく》（約90cm）、幅1尺（約30cm）である。厚さは3寸《すん》（約9cm）、5寸（約15cm）、1尺（約30cm）などがあり、それぞれ幅と厚みの寸法から、サントウ（3寸×10寸：1尺）、ゴトウ（5寸×10寸）、シャッカク（1尺×1尺）と呼ばれている。墨入れはすべて長さと幅で決めていき、石と石の間の掘り幅として1寸5分《ぶ》（約5cm）取っていた。この5cmの幅でツルハシ（鶴嘴）またはハヅル（刃鶴）という道具を用いて切り出す石の厚みに合わせた深さの溝を掘っていく。これをホッキリ（掘切り）という。ホッキリが終わると最初の石を起こしていくのだが、このことをシツヌキという。シツヌキをする石の間の溝は浅くしておき、反対側は取り出す石の厚みまで溝を掘っていく。シツヌキの溝に、鉄製のくさびであるヤ（矢）をほぼ等間隔に入れてヤジメ（矢締め）という道具で打ち込んでいく。

ヤを打ち込んでいくと、ヤの左

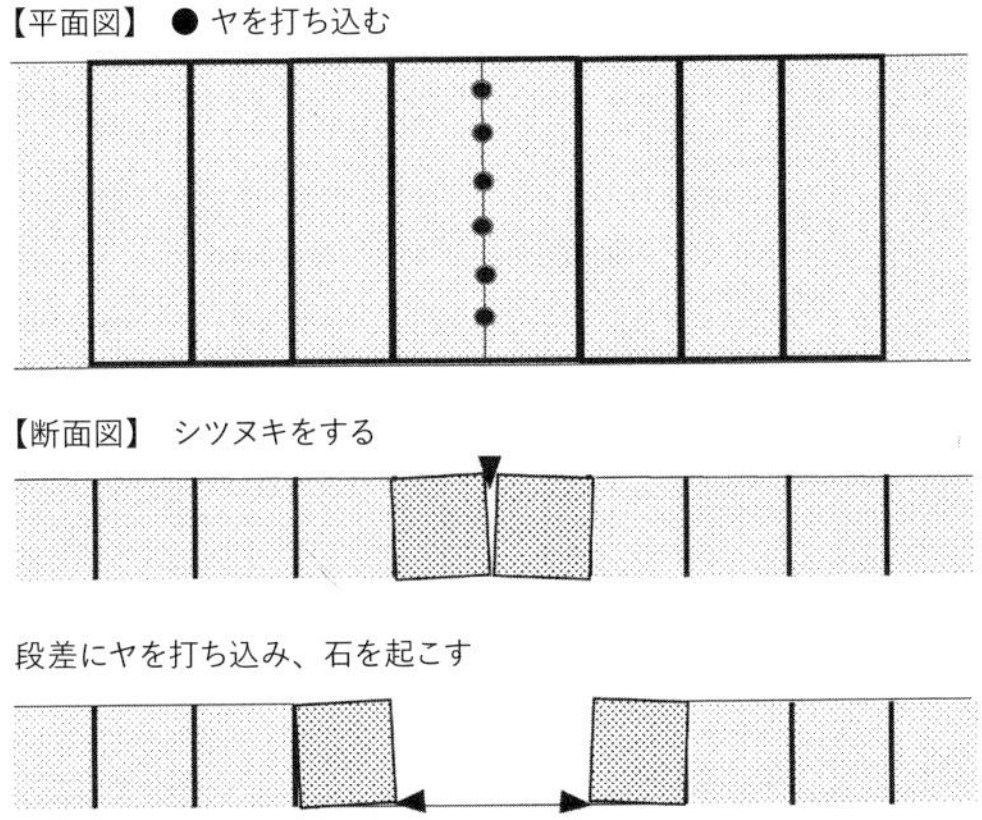

図Ⅲ－50 平場掘り

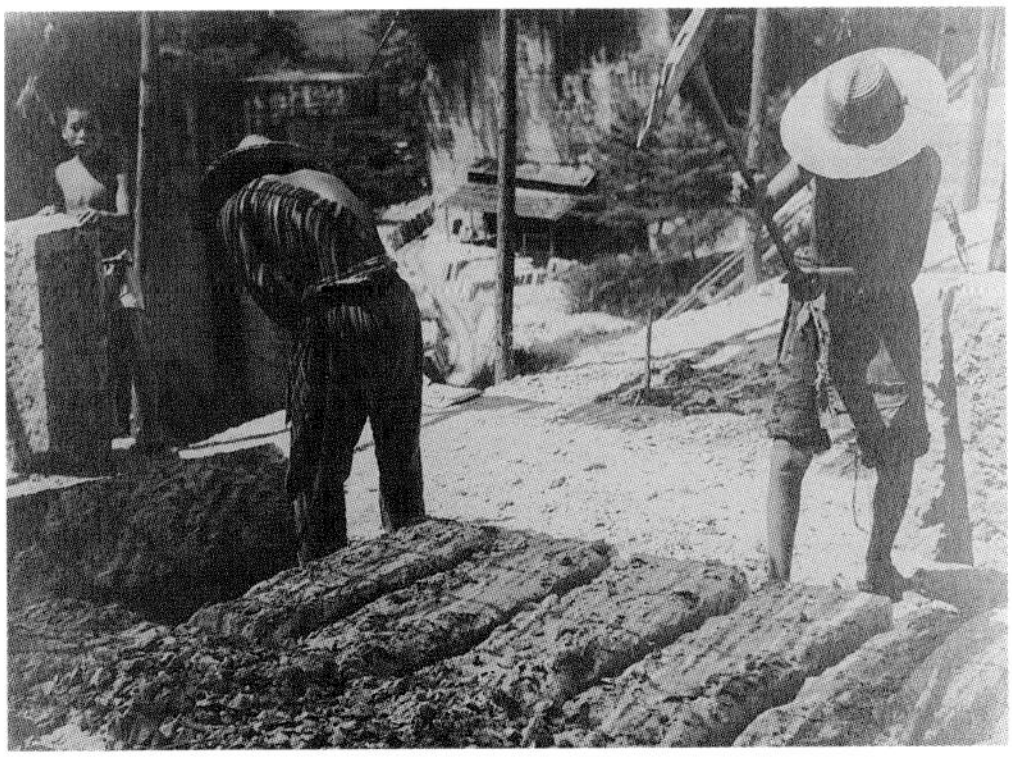
図Ⅲ－51 ツルハシでホッキリをする（写真提供：大谷石材協同組合）

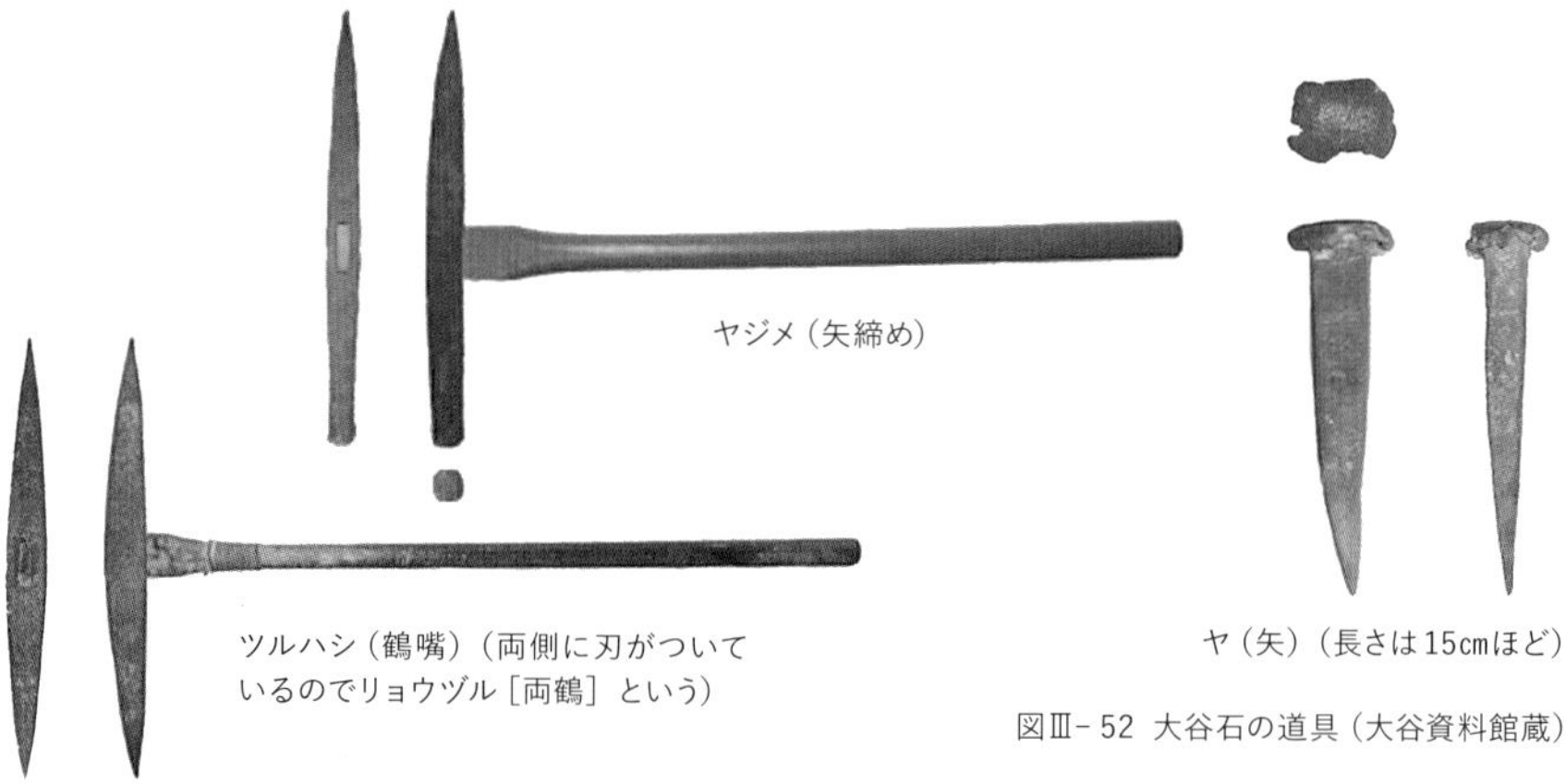

図Ⅲ-52 大谷石の道具（大谷資料館蔵）

右の石の底に割れ目が生じて2本の石が同時に浮き上がっていく。この2本の石を取り出した後は、窪みの角にヤを水平にヤジメで打ち込んでいき、石を起こすということを繰り返していく。平面で掘れる石がなくなると、また墨入れをして下方向に掘っていくことになる。掘った石は起こした後、表面をリョウバ(両刃)できれいに仕上げていく。面積の大きい面の中央部には、斜めの線を入れて飾りとして完成となる。なお、石切には多くの石屑(コッパ)が出るが、この石屑を集める役をコッパハキ(小片掃き)といって、主に女性がこの仕事に従事した。

垣根掘り

壁面を奥に掘り進める垣根掘りの場合は、平場掘りとは異なる方法で石を切り出していく。垂直の壁面に、高さ90㎝、幅30㎝、石の掘り幅として約5㎝の墨入れを行っていく。この墨入れの線に沿って、垂直の壁面にホッキリの

図Ⅲ-53 コッパハキ（写真提供：大谷石材協同組合）

溝を入れていく。溝に平場掘りと同様にヤを打ち込んでいく。壁面を最初に掘り切ることをハナタテと呼ぶ。そうして2本の石を取り出すと、となりの石の角にヤを打ち込んで横方向へと広げていく。これを繰り返して奥へ進むとともに、床面も掘り下げるため、やがて大きな空間となっていくが、崩《ほう》落《らく》を防止するために決められた間隔で柱を残しながら掘り進めていく。

　垣根掘りは平場掘りに比べて窮《きゅう》屈《くつ》な姿勢での作業を強いられるため、賃金は平場掘りの倍であったという。

　平場掘りの場合、石は基本的に人が背負って運んだ。大谷石をオキバ（置き場）まで運ぶ職人をコダシ（小出し）と呼んだ。一番多く切り出されるゴトウ石でさえ約85kgもあるが、多くのコダシは一日10本から、力のあるコダシは25本も運んだという。高い山から石を下す場合には、丸太を組んで石が滑り落ちるようにしたスベリダイ（滑り台）を用いた。一方、竪坑のように深いところから石を上げる場合にはウインチや索道を用いた。ウインチを操作する職人をイシアゲ（石上げ）といい、3人1組で仕事に当った。

　竪坑からコダシが石を上げる時

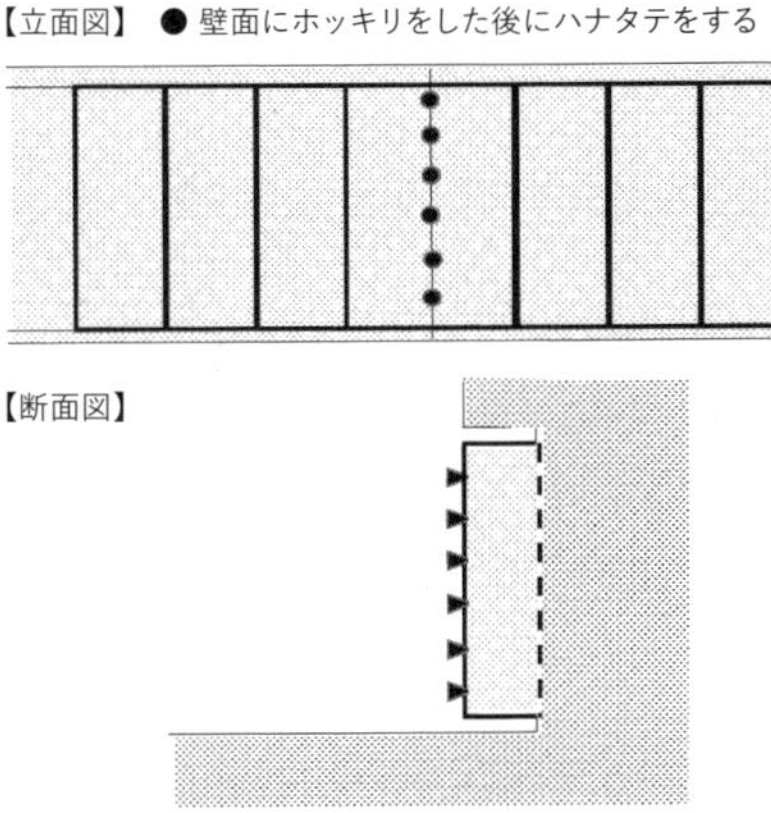

図Ⅲ－54 垣根掘り

図Ⅲ－55 垣根掘りで溝を掘る（写真提供：大谷石材協同組合）

は、竪坑の壁に穴をあけ、そこに太い木材を横に挿してこの木材に階段を設置し、石を担いであげていった。狭い階段であり、重い石を背負っているので大変に危険な作業であった。

運び出された石は、表面をきれいに仕上げて製品となった。へりの部分はリョウバ（両刃）で削って表面をきれいにする。平らな面はまだ凹凸《おうとつ》があるので、ハヅル（刃鶴）やリョウバなどの道具を用いて平らにして、最後にツルハシ（鶴嘴）で斜めの模様を付けて仕上げとなる。用途に応じた長さに切る場合にはマサキリ（柾切り）を用いる。なお、機械化された後に切り出された石は、表面がきれいではあるがあえて斜めの模様を入れていたものもある。

石切に用いるツルハシやリョウヅル、ヤ、リョウバ、マサキリなどの刃物類は、鉄製ではあるが石を切ったり削ったりするためすぐに刃の部分の減りや傷みが発生する。そのため、刃先の付け直しを行うが、このことをドウグヤキ（道具焼き）という。コークスを高温にするためにフイゴ（鞴）で風を送り、コークスの中に入れた刃先が柔らかくなってからカナトコ（鉄床）の上において、鉄製のハンマ（ハンマー）やタガネ（鏨）で叩いて形を整えたり、刃を付けたりした。場合によっては1日に2～3回も行うことがあり、時間がかかる作業であるが、休憩を兼ねる意味もあったという。この作業は作業小屋の中で刃先のみを整えた。なお、専門の業者もいて、カジヤ（鍛冶屋）やサンソヤ（酸素屋）と呼ばれており、刃先の付け直し作業などを行った。

図Ⅲ‐56　コダシによる石の運び出し（写真提供：大谷石材協同組合）

大谷石採石の機械化

大谷石の採石は、第二次世界大戦後もしばらく手掘りの時代が続

図Ⅲ- 58 滑り台の設置
（写真提供：大谷石材協同組合）

図Ⅲ- 57 ウインチによる運び出し（『宇都宮市史』第7巻より）

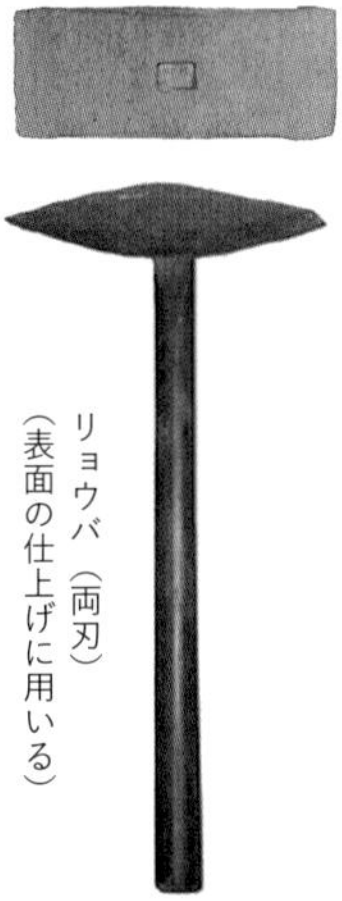

リョウバ（両刃）
（表面の仕上げに用いる）

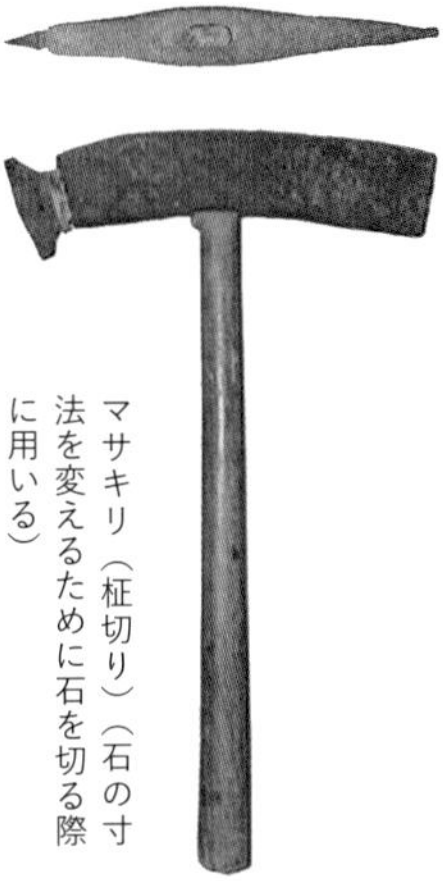

マサキリ（柾切り）（石の寸法を変えるために石を切る際に用いる）

ハンマ（熱した道具を叩く）

図Ⅲ- 59 大谷石の表面を整える道具（大谷資料館蔵）

カナトコ（鉄床）

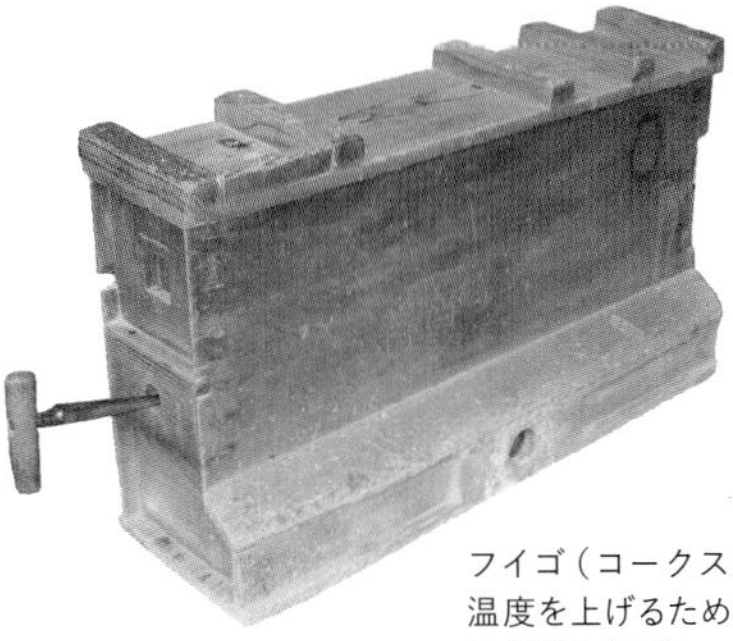

フイゴ（コークスの
温度を上げるために
風を送る道具）

図Ⅲ- 60 鍛冶の道具（大谷資料館蔵）

いたが、大谷石需要の高まりや職人の賃金の高騰にともなって機械化の導入が検討され始めた。

昭和29年にフランス製のチェーンソーを購入したが、これは、原石を規格に合わせて裁断するためのものであった。その後、昭和32年にオートメーション採掘一号機が完成して実用化が始まった。

大谷石の全採石場が機械化されたのは、昭和35年頃になる。大きな流れでは、採掘機械の刃は丸ノコからチェーンソーへと変わってきた。機械化以降は大谷石の採石量が飛躍的に増え、流通も全国へと広がっていった。

なお、大谷石切りに用いる主な道具や従事する人、作業内容を一覧表にすると左記のようになる。

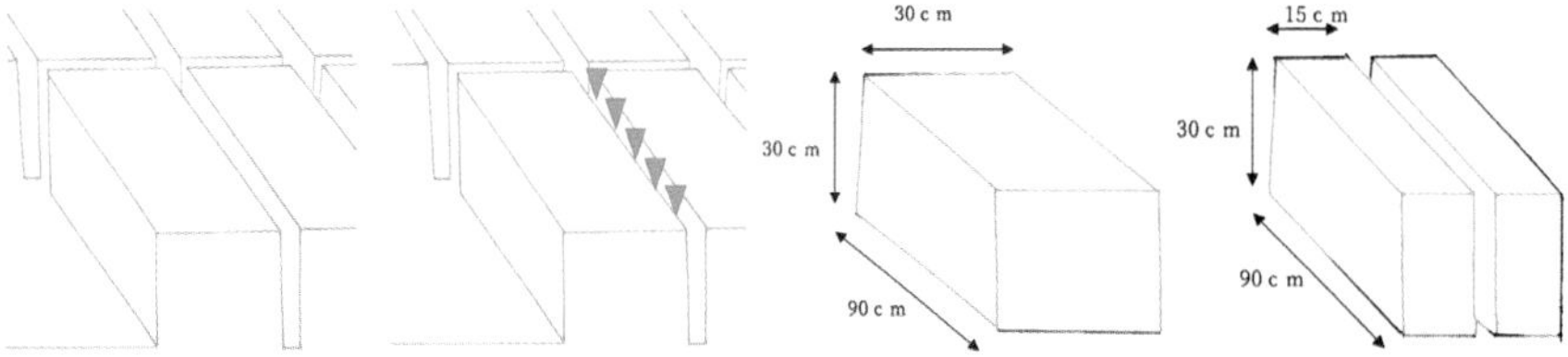
溝を機械でつける
ヤじめでたたき、石をおこす
裁断加工場まで原石を運ぶ
裁断機で規格の大きさに加工

図Ⅲ－61 機械掘りによる採石から加工まで

図Ⅲ－63 実用化された裁断機
（写真提供：大谷石材協同組合）

図Ⅲ－62 採掘機械の鑑札プレート
（写真提供：大谷石材協同組合）

<table>
<tr><th rowspan="3">段階</th><th colspan="5">手掘り（平場掘りの場合）</th><th colspan="2">機械掘り</th></tr>
<tr><th rowspan="2" colspan="2">主たる作業者</th><th rowspan="2">作業工程</th><th colspan="2">作業概要</th><th rowspan="2">使用時期</th><th rowspan="2">機械の種類</th></tr>
<tr><th>使用する道具</th><th>作業内容</th></tr>
<tr><td>作業開始前</td><td colspan="2">キケンシ（危険士）</td><td>テンケン（点検）</td><td>ヨウジ（楊枝）</td><td>開始前に坑内に入り、長さ約10cmの竹楊枝を用いて、細いひび等を点検し安全を確認</td><td></td><td></td></tr>
<tr><td rowspan="5">採掘作業</td><td rowspan="5">イシク（石工）</td><td>（主人）</td><td>スミイレ（墨入れ）</td><td>スミツボ（墨壺）</td><td>墨壺から糸を引き出して、切り出す目安の線を引く</td><td rowspan="5">1959～現在
1960～1970
1965～現在</td><td rowspan="5">チェーンソー式平場採掘機
丸ノコ式平場採掘機
チェーンソー式垣根採掘機</td></tr>
<tr><td>（主人）</td><td>キッタテ（切立て）</td><td>リョウヅル（両鶴）
ハヅル（刃鶴）</td><td>墨壺の線に合わせて浅い溝を掘る</td></tr>
<tr><td>（女性や子供も）</td><td>ホッキリ（堀切り）</td><td>リョウヅル</td><td>切立の浅い溝を深く（石の厚み分）掘る</td></tr>
<tr><td></td><td>シツヌキ（しつぬき）
オコシ（起こし）</td><td>ヤ(矢)
ヤジメ（矢締め）</td><td>平面から最初の２本を矢じめをして岩盤から剥がし（しつぬき）、その後側面に矢を打ち込んで採掘（起こし）していく</td></tr>
<tr><td>（熟練者）</td><td>ダテキリ（だて切り）</td><td>リョウヅル
ハヅル</td><td>丁場の壁面側を削る</td></tr>
<tr><td rowspan="3">仕上げ作業</td><td rowspan="3" colspan="2">イシク</td><td rowspan="3">シアゲ（仕上げ）</td><td>マサキリ（柾切り）</td><td>小口を削り長さを揃える</td><td rowspan="3">1955～現在
1960～1965</td><td rowspan="3">チェーンソー式裁断機
丸ノコ式巾詰めカッター（裁断機）</td></tr>
<tr><td>リョウバ（両刃）</td><td>側面（厚みの面）の調整</td></tr>
<tr><td>ケズリツル（削り鶴）</td><td>表面に斜めのツル目を入れる</td></tr>
<tr><td>搬出作業</td><td colspan="2">コダシ（小出し）</td><td>コダシ</td><td>ショイッコ（背負子）</td><td>切り出された石を背負って搬出する。滑り台や巻上げ機まで運ぶ</td><td></td><td>人力巻上げ機
ウインチ、索道</td></tr>
<tr><td>補助作業</td><td colspan="2">コッパハキ（小片掃き）</td><td>コッパハキ</td><td>コッパバコ（小片箱）
ホウキ(箒)</td><td>採掘の際に出る石屑を集めて搬出する</td><td></td><td></td></tr>
</table>

<table>
<tr><td>採石を支える専門職</td><td>カジヤ（鍛冶屋）
サンソヤ（酸素屋）</td><td>ドウグヤキ（道具焼き）</td><td>鍛冶道具一式</td><td>地金の先に鋼鉄が付いた道具（刃物）を修理・加工する
（酸素屋とは酸素溶接・溶断する職人のこと）</td><td></td><td></td></tr>
</table>

表Ⅲ- 04　採石に関わる作業の変化

『石山の歌』

『石山の歌』は、機械化が本格化する前、宇都宮市立城山中央小学校(大谷町)の教師や児童らによってつくられた。

そこには、やがて消えていく手掘り時代の石切の風景が描かれており、当時の採石現場で働く人々の様子を知ることができる。

手掘りの時代の作業風景

石山の歌

一　チャッキンコーン　チャッキンコーン
父ちゃん　石おこし
石はかたかんべな　腰がいたかんべ
腰もんでやっかんね

二　チャッキンコーン　チャッキンコーン
母ちゃん　こっぱはき
しょいこ　重かんべな
肩がはったんべ　肩もんでやっかんね

三　チャッキンコーン　チャッキンコーン
小出しあんちゃん　尺角しょってさ
はしごゆっさゆさ　強そうだなーよ

四　チャッキンコーン　チャッキンコーン
おれもいまあに
若衆になったらば　一日三十本も
切ってやっかんなよ

ツルハシを振るう青年

第 Ⅳ 章
現在に受け継がれる大谷石文化

カトリック松が峰教会聖堂

大谷地区では、それぞれの奇岩《きがん》に亀岩や鶴岩など動物等の名前が付けられたり、大谷石の特異な岩質等に由来すると思われる民話が今も語り継がれていたりするなど、大谷石の景観に由来するものを多く見いだすことができる。

例えば、蜂に関する伝説は、大谷石の岩壁面の多孔状の構造や、古い地名である「荒針」との関連が想起される。

また、弘法大師《こうぼうだいし》が千手観音や戸《と》室《むろ》山の百穴を一夜で作ろうとした話は、軟質な岩の利用と独特な景観から生まれたものと思われ、「姿川」の地名の由来とされる「弘法大師の姿が川面にずっと写っていた」という伝承は、大師の徳を顕彰しながらも、河床が平滑《へいかつ》な岩盤で鏡のように見えることにも関係があると思われる。

この大谷の地から掘り出された石を宇都宮の人々は、蔵や納屋などの建造物、五輪塔や灯籠などの石造物、カエルの置物などの民芸品等さまざまな形に変え、地産地消の資源として生活の営みの中で利用してきた。

今も、宇都宮の至る所で大谷石のさまざまな姿を見ることができ、宇都宮の景観を形作っている。

1 景観

国指定名勝「越路岩《こしじいわ》」

越路岩は、姿川に沿った奇岩群の北端に位置し、姿川が東向きから南向きに流れを大きく変える地点の右岸にそびえる独立奇岩で、特に北東や北からの眺望が優れている。

図Ⅳ-01 越路岩

国指定名勝「御止山《おとめやま》」

景観公園から姿川越しに見える切り立った自然の岩壁は、約2万年前までに姿川の浸食や風化によって形成された崖面である。この岩壁を含めた姿川東岸の御止山は大谷寺の所有であり、山体の全ては国の名勝に指定されている(平成18年7月28日)。

「御止山」の由来は、江戸時代に日光山輪王寺《りんのうじ》の御用山で、秋に松茸狩りをしたため、一般の人々の立ち入ることを止めたことによるとされている。頂上には「皇太子殿下行啓《ぎょうけい》碑」があり、これは明治33(1900)年に皇太子(後の大正天皇)が大谷を訪問したことを記念した石碑である。石碑には「妙義榛名《みょうぎはるな》の絶景をこの近郊平易の地で見られることはとても喜ばしい」と刻まれている。

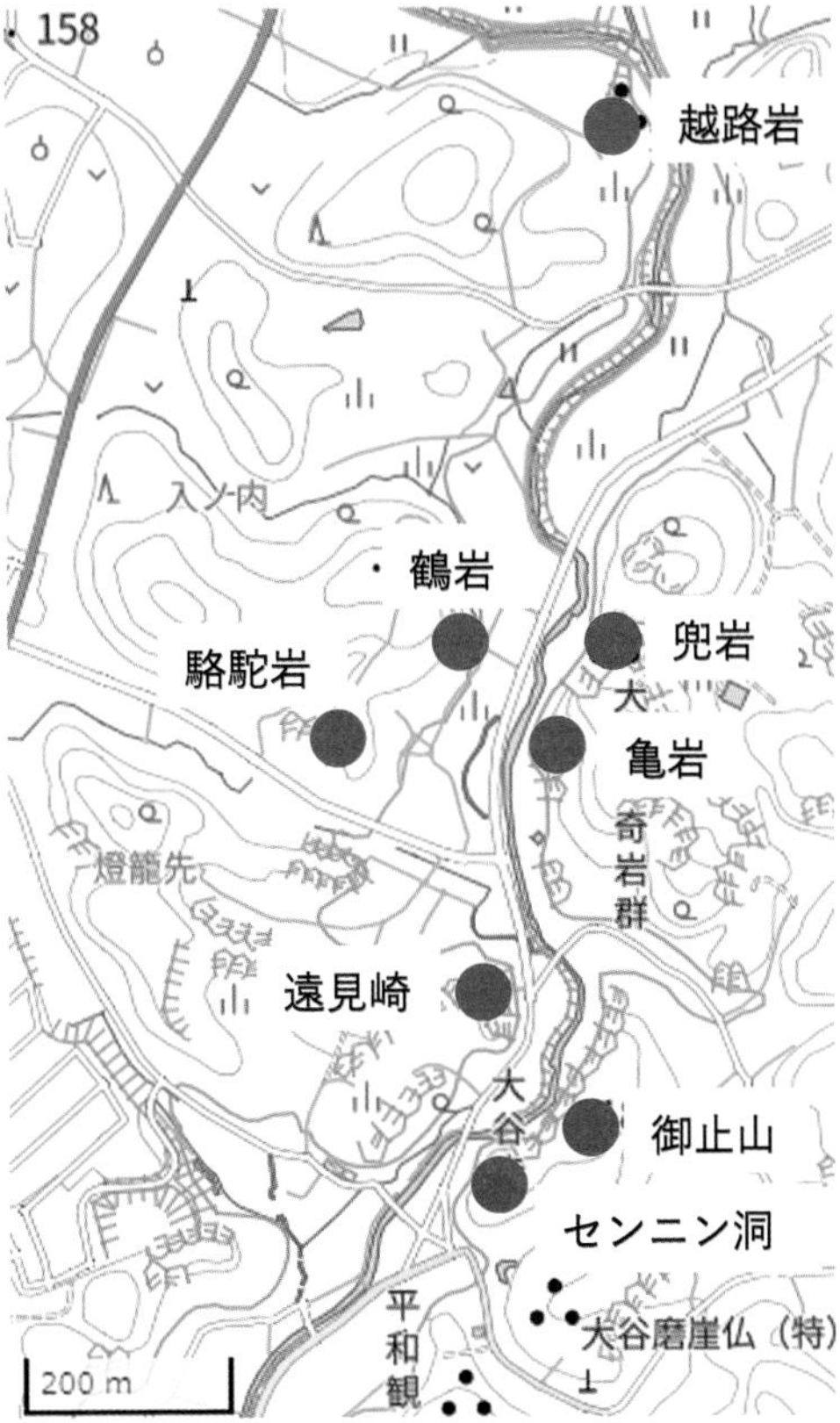

図Ⅳ-02 姿川沿いの奇岩群

図Ⅳ-04 御止山

図Ⅳ-03 大正天皇の記念碑

御止山の自然岩壁には、多くの縦溝が縞模様のように入っており、その溝は数万年前からの流水による浸食溝であり、大谷石の自然景観の特徴のひとつとなっている。

また岩壁には複数の人工的なトンネル跡が見られるが、これは太平洋戦争中に、当時の中島飛行機製作所が地下工場を建設するために開けた穴である。

大谷町1209　バス停「大谷景観公園」下車

亀岩《かめいわ》

南側から見た時に、右側(東側)が亀の頭、左側(西側)が胴体に見える。別の記録では、弘法の積み石とも呼ばれている。また北西から見た別名で弁慶《べんけい》の太刀《たち》割《わ》り岩《いわ》とも呼ばれている。

大谷町　バス停「立岩入口」から徒歩約1分

兜岩《かぶといわ》と鶴岩《つるいわ》

兜岩は西側から見た時に、兜のように見える岩で、中近世の兜でなく、古代の兜を思わせる形状をしている。

鶴岩は東側からみた時に、鶴が首を上に伸ばして鳴く姿を模していると思われる名前だが、現在は上部が欠損しており、古い写真と比較すると、以前ほど似っていない。現在は、石の間に屋敷道と門が築かれている。

大谷町ほか　バス停「立岩入口」から徒歩約1分

駱駝岩《らくだいわ》

駱駝の形にも見えることからこ

図Ⅳ-05 兜岩

図Ⅳ-06 鶴岩

図Ⅳ-07 駱駝岩

図Ⅳ-08 亀岩

のように呼ばれている。なお、獅子《しし》岩《いわ》と呼ばれているものも記録にあるが、駱駝岩との関係は不明である。

宇都宮市田下町　バス停「立岩入口」から徒歩約1分

遠見崎《とおみざき》

姿川を挟んで御止山対岸（西岸）に所在する岩壁で、大谷石独特のゆるいオーバーハングがある。

現在は頂上部分まで行けないが、過去の絵葉書や記録写真には、この頂上からの撮影も多い。

ここより東方に「盗人入《ぬすっとがいり》」という地名があり、「大谷にはマツタケが生える山があって、盗人が根こそぎ採っていた。その盗人は、付近のでこぼこの岩山にある大小の洞穴に潜んでいた。」という伝説がある。遠見崎は、この盗人を監視した場所だという伝説もある。

この自然岸は、御止山の岩壁と同じ時期の形成と思われるが、多孔状の構造は顕著に認められない。

大谷町　バス停「資料館入口」から徒歩約1分

センニン洞《どう》

大きくオーバーハングした自然崖の下の洞窟《どうくつ》状の部分の名称で、「センニン」の語源は不明で、仙人が住んでいた所とか、千人もの人が入れる場所とも言われる。

過去に観光施設があり、現在も個人の所有地であるため、通常は立ち入っての見学はできない。

地形的には大谷寺が立地している箇所と同じであり、斜面には同様に無数の多孔状の構造が認めら

図Ⅳ-09 センニン洞

図Ⅳ-10 遠見崎

れる。まるで壁全体が蜂の巣のようである。

📍大谷町　バス停「大谷景観公園」から徒歩約3分

大谷公園と平和観音

大谷公園は、大規模な採石場跡で、現在は大谷観光の中心的な場となっている。戦前から大谷の名所として採石の様子が絵葉書に紹介されてきた。この広場は、戦前より山頂上部から平場掘りで採石したもので、山全体が現在のレベルで平坦になった後に、周囲の採石場から掘られた石の集積場となった。

ここから石はトロッコに乗せられ、荒針駅まで運ばれた。大谷市営駐車場からスルス岩を通って大谷公園までの遊歩道は、当時の軌道跡（トロッコ道）である。

大谷市営駐車場からの公園入口には、「天狗の投げ石」と呼ばれる奇岩がある。大谷石の崖の上に絶妙なバランスを保った景観は、昔から多くの絵葉書に登場し、観光地大谷の象徴的な奇岩である。

伝説では、ここから南南東へ約900mに位置する戸室山に住んでいる天狗が投げた石がここに乗ったという。

さらに公園内に進むと、岩が歩道側に迫り出したところがある。これはスルス岩（摺臼岩）と呼ばれる奇岩で、円筒状の形が稲の籾《もみ》を摺《す》る「摺臼《するす》」によく似ていることからその名が付けられた。表面の劣化が進み、倒壊等の危険が指摘されたが、昔から絵葉書に紹介されるなど、有名な奇岩であることから、平成16（2004）年に宇都宮市によってコンクリート吹付による安全対策工事が行われた。

　公園の広場に着くと「親子かえる」と呼ばれる奇岩が出迎えてくれる。採石を免れて残っていた岩が親子のカエルに見えたため、大谷寺の伝説にある蜂を退治したカエルにちなんで、その奇岩に名前が付けられた。大谷寺には複数の伝説があり「昔、大谷に毒蛇が住み、毒水を流して住民を苦しめていたが、弘法大師がこの毒蛇を退治し、去った後には光り輝く千手観音が彫ってあった」というものや、「空を黒く覆う多くの蜂が人々を苦しめていたが、これを弘法大師が退治した。また親子のカエルが現れて蜂を退治した」などがある。

　現在では、土産《みやげ》物として、大谷石を彫刻したカエルの置物が有名である。民家の門口や玄関の脇などには、縁起物としてよく置かれている。「無事かえる」という縁起を担いだものである。

　公園奥の壁面には昔の寸法で88尺8寸8分（26・93ｍ）の平和観音が彫られている。この観音像は、戦後間もない昭和23（1948）年9月より、第二次世界大戦による戦没者を弔い、世界平和を祈念するために地元の上野浪造や東京藝術大学教授の飛田朝次郎、地元の多くの人々の協力により昭和29（1954）年12月に完成し、昭和31（1956）年に開眼供養《かいげんくよう》が行われた。

　平和観音に向かって左側に階段があり、その肩付近までの高さにある展望台まで上がることができる。ここからは大谷寺を上から眺めることができ、建物が洞穴に食い込むように建てられていることが観察できる。また平和観音が見下ろす方向の広場は古い採石場跡であり、その規模の大きさを実感できる。

　公園の南東側は古い採石場跡が残っており、大きな大谷石の柱が地上部を支えている様子がわかる。大きな柱と中の薄暗い空間は、古代の神殿遺跡のようである。このフェンスも平成16年からの宇都宮市による安全対策工事によって設

図Ⅳ－11　平和観音

置された。

　大谷寺と平和観音をつなぐ通路は、以前はドーム状の入口をもつ巨大なトンネルであったが、現在は天井部が除去され、大きな切通しとなっている。

　この公園の開園は昭和31（1956）年で平和観音の開眼供養と同時に行われている。採石作業は、本格的な機械掘り導入以前に終了しているため、壁面はすべて手掘りの跡が残っているのが見所である。

図Ⅳ-12 大谷公園

（左）図Ⅳ-15 親子かえる （中）図Ⅳ-14 スルス岩 （右）図Ⅳ-13 天狗の投げ石

📍大谷町1156-2　バス停「大谷観音前」から徒歩約5分

大谷資料館（屋号「カネイリ」）

　大正8（1919）年から昭和61（1986）年までの約70年、大谷石を掘り出した「カネイリ」採石場跡で、その広さは、約2万㎡と、野球場が入ってしまうほどの大きさである。太平洋戦争中には、地下で陸軍の戦闘機の部品を作る秘密工場にもなっていた。

　坑内の年平均気温は8℃前後で、清酒・ワインやハム・穀物などの保管に使われたり、最近ではテレビや映画の撮影も行われたりしている。坑内の壁面には手掘りから、機械掘りまでのさまざまな痕跡が確認できる。また冬季には「石の華（p19参照）」が観察できる（見学可、有料）。

📍大谷町909　バス停「資料館入口」から徒歩約5分

図Ⅳ-16 大谷資料館

図Ⅳ-17 カネホン採石場

高橋佑知《ゆうち》商店（屋号「カネホン」）

高橋家の歴史は古く、天正年間（1573～1592）まで遡る。それ以前は宇都宮氏に仕えていたが、豊臣秀吉による改易《かいえき》により慶《けい》長《ちょう》2（1597）年7月に下野《げや》し、現在地に居を構えたとされる。

採石は安政元（1854）年に、当主高橋伊左衛門《いざえもん》によって始められた。明治32（1899）年の最初の石材組合14名の中に、高橋伊三郎の名がある。当時は手掘りで石工が100名近くおり、昭和まで農業と採石業を兼業してきたが、昭和40（1965）年に採石業の専業となった。数少ない現役の採石場で、露天の平場掘りをガイドの案内で間近に見学することができる。

📍大谷町209　バス停終点「立岩」から徒歩約5分

トウヤ採石場（ホテル山）

旧帝国ホテルやカトリック松が峰教会に用いられた石材を切り出した採石場で、大谷石の全国的な知名度向上に重要な役割を果たした。現在は採石休止中であるが象徴的な採石場の一つである（私有

図Ⅳ-18　トウヤ採石場（ホテル山）

地につき立ち入り不可）。

📍田下町　バス停「立岩入口」から徒歩約10分

山の神・大山阿夫利神社《おおやまあふりじんじゃ》

この神社は「山の神」とも「大山阿夫利神社」とも呼ばれ、大谷石材協同組合が管理し、祭礼を行っている。大谷石の大岩を神体とし、社殿や狛犬・鳥居も大谷石でできている。

山の神は、山仕事（猟師・木こり・鉱夫等）をする人々にとっては重要な守り神とされる。大谷では当神社だけでなく、各採石場でも山の神を祀っている。山の神は女神とされ、一般的にはその嫉妬を避けるため女性には山仕事をさせないという風習がある。しかし大谷では、石切りが家族労働であった時代には女性もツルハシを持つことがあった。またコッパハキは主に女性の仕事であった。女性も作業に加わらなければならない大谷ならではの特徴と思われる。

また、大山阿夫利神社は、本社が神奈川《かながわ》県伊勢原《いせはら》市の大山《おおやま》（1252m）にある。大山は別名を「阿夫利《あふり》山」とも「雨降《あふり》山」ともいい、古くから雨乞いの山として庶民の信仰の対象となるとともに、江戸時代までは「石尊大《せきそんだい》権現《ごんげん》」とも呼ばれていたため、石と深く関わる大谷の人々によってこの地に勧請《かんじょう》されたものと思われる。

図Ⅳ-19　大山阿夫利神社

このように当神社は、山の神への信仰と、石との関わりを通じて勧請された阿夫利神社の信仰が結びついているという、石材産出地として、また、石がつくりだした景勝地としての大谷の地域性をよくあらわすものである。

📍大谷町　バス停「大谷観音前」から徒歩約3分

大谷石にまつわる昔話

戸室山の百穴(餅をつかない村)

大谷地区の南に戸室山という山がある。ここにも弘法大師が登場する伝説がある。

全国を廻っていた弘法大師一行は、大晦日の夕方戸室山のそばに来た。夕焼けに浮かび上がる戸室山は、その美しい威容を示していた。大師は明日の日の出までに、百の穴を掘って村人の幸せを祈るということを思いつき、大谷寺の鐘の音を合図に掘り始めた。弟子たちは大師のノミの音に合わせるようにお経を唱えていたが、大晦日の極寒の夜の中で、さすがに90の穴を掘り終える頃には大師の動きも遅くなってきた。96の穴を掘り終えた頃には空も白々となってきた。大師はより急いで掘り進めいよいよあと一つとなったところで、正月の餅つきのため、いつもより早く起きて餅をつき始めた若者がいた。餅つきの音で夜が明けたと思った大師は願いが成就しなかったと考え、99の穴にお経をあげ魂を入れて山を出た。村境で村人に会い、百の穴を掘ろうと誓いを立てたが、餅つきの音で成就しなかった旨を伝えた。村人たちは、弘法大師の願いを餅つきのせいで成就できなかったことに心を痛め、それ以降元旦の朝に餅をつくことをやめて赤飯を炊き、14日に餅をつくようになった。

戸室山

2 建造物

本節では、日本遺産「大谷石文化」の構成文化財となっている建造物(群)と栃木県内外の代表的な大谷石建造物を紹介する。

旧《きゅう》篠原《しのはら》家《け》住宅《じゅうたく》(国指定重要文化財 平成12年5月25日指定)

篠原家は、昭和戦前まで醤油醸造業・肥料商を営んでおり、宇都宮を代表する豪商であった。主屋は明治28(1895)年に防火建築として建てられた。妻※1側の下半分は大谷石が貼られ黒漆喰のナマコ壁となっている。主屋のほかに大谷石造りの石蔵が3棟あり、敷地全体が大谷石塀によって囲まれている。

📍今泉1-4-33 JR宇都宮駅から徒歩約5分

図Ⅳ-20 旧篠原家住宅全景(西側から)

図Ⅳ-22 主屋二階から見た石蔵(右)と文庫蔵(左:嘉永4年)

図Ⅳ-21 石蔵

※1:建物を横から見た時、屋根が三角形に見える面のこと

カトリック松《まつ》が峰《みね》教会《きょうかい》聖堂

（国登録有形文化財　平成10年12月11日登録）

設計者のマックス・ヒンデル※2は故郷スイス・チューリヒのグロスミュンスター大聖堂を思いながら、この教会の設計を行ったという。昭和7（1932）年に竣工。我が国では、数少ない双塔を持ち、大谷石外壁にロマネスク様式の装飾が施されている。石材は旧帝国ホテルと同じ山から切り出された。昭和20（1945）年の宇都宮空襲で屋根部分は焼け落ちたが、大谷石の壁部分は残った。

📍松が峰1−1−5　東武宇都宮駅から徒歩約5分

図Ⅳ−23　カトリック松が峰教会聖堂全景

宇都宮聖《せい》ヨハネ教会礼拝堂《きょうかいれいはいどう》

（市指定有形文化財　平成24年6月22日指定）

昭和8（1933）年に竣工した教会で、上林敬吉《かんばやしけいきち》※3が設計。尖りアーチや控壁のバットレスが用いられたゴシック風の教会で、大ぶりな塔がアクセントとなっており大谷石を外壁全体に貼っている。内部のシザーストラス※4の小屋組みがリズミカルで美しい。

📍桜2−3−27　JR宇都宮駅よりバス「桜通十文字」下車徒歩約10分

図Ⅳ−24　宇都宮聖ヨハネ教会礼拝堂全景

※2：スイスの建築家。カトリック神田教会や新潟カトリック教会などを設計（1887 ～ 1963）

※3：アメリカ人建築家ジェームズ・ガーディナー（元立教学校長）に師事。京都のウイリアムス神学館などを設計（1884 ～ 1960）

※4：用材を鋏（シザース）のように組み合わせる構法

図Ⅳ-25　小野口家住宅長屋門

小《お》野《の》口《ぐち》家《け》住《じゅう》宅《たく》（国登録有形文化財　平成11年10月14日登録）

小野口家は、江戸時代より名主を務めた旧家で「前の蔵」「裏の蔵」「旧酒蔵」「長屋門」「堆肥舎」「旧乾燥小屋」の大谷石造りの建造物が6棟並び、典型的な豪農の屋敷構えを残している。一番古いのは「裏の蔵」の文政8（1825）年で、新しいものは「乾燥小屋」で大正時代後期と考えられる。

📍JR宇都宮駅から関東バス荒針経由鹿沼行「森林公園入口」下車徒歩約10分

旧《きゅう》大《おお》谷《や》公《こう》会《かい》堂《どう》（国登録有形文化財　平成16年2月17日登録）

旧大谷公会堂は、更《ふけ》田《た》時《とき》蔵《ぞう》※5の設計により昭和4（1929）年に旧城山村の公会堂として建築された。正面の4本の付け柱が特徴的で、柱には幾何学的な文様が彫り込まれている。現在は解体中であるが、令和5（2023）年11月には、大谷地区の観光拠点となる市営駐車場に移築し、イベントや舞台公演などを行うホールとして活用予定。ビジターセンターや屋外の多目的スペースも整備し、周遊観光を楽しめるようにする。

📍大谷町1271－2（移転後）JR宇都宮駅関東バス立岩行「切通し」下車徒歩5分

図Ⅳ-26　旧大谷公会堂（解体前）

※5：島根県生まれ。早稲田工手学校で佐藤功一に師事。栃木県内務部建築係等に勤務後、宇都宮市の主任技師となった。1924年栃木県下で初めて建築設計監理事務所を開設（1893～1962）

屏風岩石材《びょうぶいわせきざい》(栃木県指定建造物 平成18年8月22日指定)

屏風岩石材の石蔵は、西蔵が明治41(1908)年、東蔵が明治45(1912)年の建築で、居住用の西蔵(座敷蔵)は本格的な洋風意匠を採用した曲線や繊細な装飾を用い、倉庫(穀蔵)として建設された東蔵は、硬く力強い表現が目立つ。両蔵とも石の積み方を変えるなど多くの意匠を凝らしている。

JR宇都宮駅関東バス立岩行「大谷橋」下車すぐ

図Ⅳ-27 屏風岩石材 左側は西蔵、右側は東蔵

渡邊家住宅《わたなべけじゅうたく》(宇都宮市認定建造物 平成15年12月1日認定)

渡邊家の屋敷内には、主屋、大谷石の石蔵2棟、表門、納屋があり、かつて名主を務めた民家の屋敷構えを今に残す。主屋と表門は江戸時代中期頃の建築と考えられ、慶応《けいおう》4(1868)年の世直し一揆の襲撃によると伝わる痕跡が残っている。なお、薬医門《やくいもん》の屋根は大谷石を加工した石屋根となっている。

JR宇都宮駅関東バス立岩行「大谷橋」下車徒歩約5分

図Ⅳ-28 渡邊家住宅 左から西蔵、薬医門、主屋、東座敷蔵

上野本家住宅《うえのほんけじゅうたく》(宇都宮市認定建造物 平成26年11月20日認定)

上野本家は、菜種油《なたねあぶら》を精油する商店として江戸時代後期に創業し、天保《てんぽう》4(1833)年に日光街道沿いに移転した老舗《しにせ》である。現存する建物5棟(見世蔵《みせぐら》、文庫蔵《ぶんこぐら》、住居、辰巳蔵《たつみぐら》、穀蔵《こくぐら》)のうち辰巳蔵と穀蔵の外壁が大谷石貼りである。

慶応4(1868)年の戊辰戦争宇都宮城攻防戦で上野本家を含む近隣は焼失したため防火建築として明治初期に建造されたものである。

📍JR宇都宮駅関東バス等桜通方面行「伝馬町」下車すぐ

大久保石材店《おおくぼせきざいてん》

大久保石材店の離れ部屋は、大正13(1924)年に自然の大谷石をくり抜いて造られた。自然の岩山から建物を切出した唯一のもので、大変に珍しい。

📍大谷町　JR宇都宮駅関東バス立岩行「切通し」下車すぐ

図Ⅳ-29 上野本家全景

図Ⅳ-30 大久保石材店

栃木県中央公園の旧商工会議所遺構《きゅうしょうこうかいぎしょいこう》

昭和3（1928）年に建てられた大谷石貼りの商工会議所は、ライトの影響もうかがわれる斬新な意匠で、現在の宇都宮中央郵便局の場所に建てられた。設計は宇都宮工業高等学校初代校長の安美賀《やすみよし》によるものである。昭和54（1979）年に惜しまれながら解体されたが、一部のみが栃木県中央公園内に移築・復元されている。

📍睦町2–50　JR宇都宮駅より関東バス　桜通り経由鶴田駅行「中央公園博物館」下車徒歩約5分

図Ⅳ-31　旧商工会議所遺構

ダイニング蔵おしゃらく

松が峰教会の北側にある当建物は、昭和13（1938）年に公益質屋「旭屋《あさひや》」の石蔵として建てられたものである。現在は、まちなか活性化事業によりレストランとして使用されている。

📍宮園町8–9　東武宇都宮駅より徒歩約10分

東武鉄道南宇都宮駅舎《とうぶてつどうみなみうつのみやえきしゃ》

大谷石を用いた駅舎で、昭和7（1932）年の開業当時の原型をとどめている。外壁の石貼りは、腰壁より下が横方向、上部が縦方向という珍しいものとなっている。なお、南宇都宮駅から東武宇都宮駅間の築堤《ちくてい》の擁壁《ようへき》にも多くの大谷石が用いられている。

📍吉野2–8–23　東武宇都宮線南宇都宮駅

南宇都宮石蔵倉庫群《みなみうつのみやいしぐらそうこぐん》

南宇都宮駅北側の倉庫群は、昭和28（1953）年に民間の米の貯蔵庫として建てられた。内部が木造の洋風小屋組《こやぐ》みと手掘りの大谷石の調和が見事で、現在は「カフェ」や「コミュニティースペース」等として利用されている。

📍吉野1–7–10　東武宇都宮線南宇都宮駅から徒歩3分

図Ⅳ-33 南宇都宮駅舎

図Ⅳ-32 ダイニング蔵おしゃらく

図図Ⅳ-34 南宇都宮石蔵倉庫群

日光金谷《かなや》ホテル（国登録有形文化財 平成17年11月10日登録）

金谷ホテルは、日本最古の西洋式ホテルで、現在の本館は明治26（1893）年に開業したもので、正面玄関、カウンター回り、バーや2階レストランの暖炉が大谷石で造られている。

📍日光市上鉢石町1300 東武日光駅から東武バス「神橋」下車徒歩約5分

旧木《き》村《むら》浅《あさ》七《しち》工《こう》場《じょう》事《じ》務《む》所《しょ》棟《とう》（栃木県指定建造物 平成元年8月25日指定）

この事務所棟は、輸出絹織物の製造を始めた人物である木村浅七が、明治44（1911）年に造ったと伝えられている。基礎と外壁の下部が大谷石造である。典型的な洋風建築で、工場とともに保存さ

図Ⅳ-35　日光金谷ホテル（写真提供：NPO法人大谷石研究会）

れ、現在は足利織物記念館となっている。

足利市助戸仲町453-2　JR両毛線足利駅から車で約5分

高木会館《たかぎかいかん》（旧黒磯銀行）（国登録有形文化財　平成14年6月25日登録）

大正7（1918）年に開業した黒磯《くろいそ》銀行の建物で、昭和10（1935）年まで営業していた。その後黒磯興業株式会社の社屋として昭和25（1950）年まで用いられ、高木会館として使われた。現在はレストランとなっている。建物正面は地元の芦野石の粗石積みであるが、それ以外は大谷石を整然と積んでいる。施工は宇都宮の石工柳川喜吉があたった。

那須塩原市本町5-19　JR宇都宮線黒磯駅から徒歩3分

図Ⅳ-36　旧木村浅七工場事務所棟

図Ⅳ-37　高木会館

旧帝国《きゅうていこく》ホテル・ライト館《かん》（国登録有形文化財　平成16年2月17日登録）

図Ⅳ-38　営業中の帝国ホテル（写真提供：大谷石材協同組合）

帝国ホテルは明治期における諸外国の賓客の接遇のために建設された。その後設備等の一新を図るための建て替えが行われ、アメリカの建築家フランク・ロイド・ライトに設計と施工を依頼した。ライトは軟石で加工しやすい大谷石に着目し、建築材及び装飾材として多用し、全国に大谷石の名が広がる一因となった。大正12（1923）年に竣工しその威容《いよう》を示した。建て替えのため、昭和43（1968）年に解体され、中央玄関部分を愛知県の「博物館明治村」に移築し、昭和60（1985）年に展示公開となった。

📍博物館明治村　愛知県犬山市内山1
名鉄犬山線犬山駅（東口）から名鉄バス明治村行き終点下車（約20分）

図Ⅳ-39　博物館明治村での復元（写真提供：博物館 明治村）

ヨドコウ迎賓館《げいひんかん》（旧山邑家住宅《きゅうやまむらけ》）

（国指定重要文化財 昭和49年5月21日指定）

ヨドコウ迎賓館は、兵庫県芦屋《あしや》市の丘の上に建てられている。灘《なだ》の酒造家であった山邑太左衛門《たざえもん》が、別邸としてフランク・ロイド・ライトに設計を依頼したもので、その後ライトの弟子であった遠藤新《えんどうあらた》※6と南信《みなみまこと》※7により大正13（1924）年に竣工している。丘の稜線を生かしながら建てられた建物で、ライトの設計らしく随所に大谷石の細かい彫刻が散りばめられている。昭和22（1947）年に株式会社淀川製鋼所《よどがわせいこうしょ》が社長邸として建物を購入し、平成元（1989）年より「ヨドコウ迎賓館」として一般公開している。

📍兵庫県芦屋市山手町3番10号　阪急芦屋川駅から北へ徒歩10分

（上）図Ⅳ−40　車寄せ（写真提供：㈱淀川製鋼所）

（下）図Ⅳ−41　ヨドコウ迎賓館全景（写真提供：㈱淀川製鋼所）

自由学園明日館《みょうにちかん》（国指定重要文化財　平成9年5月29日指定）

自由学園の創立者、羽仁《はに》もと子・吉一《よしかず》夫妻は、大正10（1921）年に自由学園を女子の学校として東

※6：福島県生まれ。建築家フランク・ロイド・ライトに師事。帝国ホテルの設計・監理中のライトの助手を務める。旧山邑家住宅や旧甲子園ホテルなどを設計（1889－1951）

※7：宮城県生まれ。建築家フランク・ロイド・ライトのもとで。帝国ホテルの設計に携わる（1892－1961）

京目白《めじろ》（現・豊島区西池袋）に創設した。
当時の校舎は、遠藤新に紹介されたフランク・ロイド・ライトにより設計された。自由学園は東京都東久留米市に移転したが、目白の校舎は、明日館と名付けられ、多くの人に活用されている。基礎や外壁はもちろん、床面、柱や室内の壁、暖炉など建物内の各所に装飾的な大谷石が多用されている。

📍東京都豊島区西池袋2−31−3
JR池袋駅メトロポリタン口から徒歩5分

（上）図Ⅳ−42　自由学園明日館内部（写真提供：自由学園明日館）
（下）図Ⅳ−43　自由学園明日館外観（写真提供：自由学園明日館）

日本民藝館《みんげいかん》西館《にしかん》長屋門《ながやもん》（東京都指定有形文化財　令和3年3月19日指定）

日本民藝館は、「民藝」という新しい美の概念の普及などを目指す民藝運動の本拠として、大正15（1926）年に思想家の柳《やなぎ》宗悦《むねよし》らにより企画され、昭和11（1936）年に開設された博物館施設である。初代館長は柳宗悦が務めたが、二代目館長は陶芸家で益子《ましこ》町で作陶を行っていた人間国

（上）図Ⅳ-44 日本民藝館長屋門全景 （下）図Ⅳ-45 長屋門の石屋根

宝の濱田庄司《はまだしょうじ》がつとめた。
　濱田の紹介で石屋根を知り惚れ込んだ柳は、濱田を通して栃木県の教師であった塚田泰三郎に調査を依頼し、その結果を受けて、明治13（1880）年に造られた栃木県国本村野沢（現・宇都宮市）の農家の長屋門を昭和9（1934）年に移築し柳宗悦の住居として使用していた。石屋根を用いた大きな入母屋造《いりもやづくり》の長屋門で、腰壁の大谷石貼りと合わせた意匠で塀も整備されている。

📍東京都目黒区駒場4-3-33　京王井の頭線駒場東大前駅から徒歩約10分

西根集落《にしねしゅうらく》（徳次郎町）
　集落内を貫く道の両側には大谷石の建造物が連なる。大谷石造りの蔵や納屋、石塀のほか主屋も大谷石造りの家がある。建物の中には漆喰が盛られたナマコ壁の建物も見られる。

芦沼集落《あしぬましゅうらく》（芦沼町）

芦沼町は西鬼怒川の西側に広がる段丘の肥沃な土地に、現在の農村集落が成立した。

幅員の狭い道路の両側に、大谷石造りの石蔵と石塀が一体化された独特の街並みが続いている。

上田集落《うわだ》（上田町）

道路の両側に水路が流れ、それに沿うように各戸２棟以上の大谷石造りの石蔵を有し、大谷石塀が数百メートル続いている。水路には洗い場があり、昔の用水の利用方法の一つがうかがえる。

図Ⅳ- 46 西根集落

図Ⅳ- 47 芦沼集落

図Ⅳ- 48 上田集落

3 生活の中の大谷石

宇都宮近隣の人々にとって、大谷石は身近な存在であった。加工しやすく、その上大量に採石されたため比較的安価であったので、生活のさまざまな場面で大谷石が用いられてきた。

土木用材として用いられてきた大谷石

大谷石は建築用材としてばかりでなく、擁壁や敷石などの、土木用材としても用いられてきた。

手掘りの大谷石を用いた積石の塀。現在は新たな3段以上の積石の石塀は耐震基準を満たさないために禁止されている（清住町）

農地の土留めとして用いたもの。大谷地区の姿川では、川の護岸材に大谷石を用いたものもみることができる

大谷石を擁壁や敷石として道路や通路にも用いた。風雨にあたったり、タイヤに削られたりして、摩耗の進みも早かった

石造物として利用されてきた大谷石

石の祠《ほこら》（氏神様）。宇都宮近隣では昔からの民家の敷地には氏神様が多く祀られている。その多くは「お稲荷様」で、祠の用材として大谷石が多く用いられてきた。なお、写真のお稲荷様は、通路の敷石、お稲荷様の土台、祠の本体、狐の像まで大谷石が用いられている（鶴田町）

立岩神社の鳥居と拝殿。大谷地区の神社の拝殿は大谷石造りのものもある。また、宇都宮やその近隣では、鳥居も大谷石造りのものも多く見受けられたが、東日本大震災などの地震で多くのものが倒壊し、コンクリート製などに変わってしまった

大谷地区や国本・富屋地区などでは、江戸時代中期から明治期にかけて、大谷石の中をくり抜いて屋根を付けた形状の厨子型の墓石がみられる。「カロウド」などと呼ばれる。カロウドの中には薄く刻んだ五輪塔が並んでいるものもあり、これは夫婦の墓として用いたものである。古い墓地には一般的な墓石も大谷石造りのものもあるが、風化が進んでいるものも多い
（写真提供：柏村祐司氏）

六道閻魔堂境内の石仏。正面は地蔵菩薩、右奥は破損しているが馬頭観音、右手前は同じく聖観音菩薩（六道町）

正和３（1314）年に宇都宮貞綱が開基した宇都宮市今泉の興禅寺の境内に、貞綱と息子の公綱の供養塔と伝えられる大谷石造りの五輪塔がある。五輪塔や宝篋印塔などの碑塔類、地蔵菩薩や如意輪観音なども大谷石造りのものも多く市内で見られる

多気山持宝院山門脇の大谷石灯籠。民家の庭先の灯籠も大谷石を用いたものもみられる

六道閻魔堂境内の名号塔《みょうごうとう》。３基とも「南無阿弥陀仏」の文字が刻まれているが、風化して読みにくくなっている（六道町）

屋内でも利用された大谷石

大谷石は屋外で使われるイメージがあるが、建物の中でも用いられてきた。大谷石は火に強いということから、特にかまどや囲炉裏《いろり》などの火を用いるところでの利用が多く見られる。一方、火を入れる容器や井戸《いど》枠《わく》としても用いられた。

農家の土間に造られていた大谷石のかまど（写真提供：柏村祐司氏）

旧篠原家住宅には、小さいながらフンゴミコタツ(踏み込みこたつ)があるが、
そのこたつ部分には大谷石で枠がつくられている。
大谷地区では大谷石を丸くして内側をくり抜き、火鉢として用いたものもあった

こんなものまで大谷石製！

大谷石は細工が容易なため細工物もみられる。カエルの置物やミニ灯籠などである。

天気の良い日に、庭に広げた筵《むしろ》の上に脱穀した麦の実を広げ、この麦打機を馬や牛に引かせ、穂から実を落とすための農具。米や麦のノゲ取りにも用いた（大谷資料館蔵）

風呂桶を大谷石で作った珍しいものである。大きな石でも比較的安価であったためであろう。ちなみに、農耕馬として飼っていた馬が水を飲むための桶（マオケ：馬桶）や庭において水を湛えさせる手水鉢も大谷石製のものもあった（大谷資料館蔵）

七輪《しちりん》は、中に炭などの燃料を入れて、炊事に使う台所用具で、多くは珪藻土を切り出して作られる。大谷地区では、七輪までも大谷石を削り出して作り、炊事に用いた（大谷資料館蔵）

大谷地区のカエルの彫物は、以前は大谷寺の門前で土産物として多く売られていたが、現在は少なくなっている。荒針の地名の由来になった伝説であるが、人々が近寄れないほど多くの蜂がいたのを、親子カエルが退治してくれたという伝説に基づき、大谷地区周辺では家の門口において魔除けとしていた。その後大谷を代表する土産となっていった

鉄道施設に利用された大谷石

鉄道施設には多くの大谷石が使用されている。駅のプラットホームの構築材としては、関東地方一円で広く使用された。また、東武宇都宮線の建設にあたっては、築堤の擁壁・橋台に大量に利用された。駅舎への使用は、前述の南宇都宮駅（p105参照）のほか、東武東上線ときわ台駅などがある。

図Ⅳ- 49　ＪＲ宇都宮駅の在来線ホーム

図Ⅳ- 50　ときわ台駅舎（東京都板橋区）

図Ⅳ- 52　東武宇都宮線の築堤の擁壁と橋台

図Ⅳ- 51　東武宇都宮駅の擁壁

年中行事としてのまつり

1年間のうち、習慣として行事が残っているものがある。

毎年1月2日はハツニやハツニシキ(初荷・初荷式)と呼ばれる日で、問屋がその年の最初に石を出荷して顧客に納めた日である。

朝、作業小屋に働く者全員が集まり、初顔合わせを行った後、問屋の主人から全員に看板(印半纏《しるしばんてん》)と手ぬぐいが配られた。トラック以前はトロッコに載せられていた石を貨車に積み替えて、全員で見送った。トラックの時代になってからも、荷台に「初荷」と書かれた旗を何本か立てて、トラックの出発を見送った。後に全員が集まり作業小屋で祝宴を行った。

昭和31年の初荷式の様子(写真提供:大谷石材協同組合)

エピローグ

「大谷」と書いて「おおや」「おおたに」「だいや」などの呼び方があります。人名では、戦国武将好きの人なら「大谷刑部《おおたにぎょうぶ》」、野球ファンなら「大谷翔平《おおたにしょうへい》」選手。特に最近では、ネットで「人谷」を検索すると、「大谷翔平」の項目が上位を占めており、「大谷」を「おおたに」と呼ぶ人の方が多いかもしれません。

地名の呼び方を調べてみると、「おおたに」は西日本に多く、「おおや」は東日本に多いようです。ちなみに、鬼怒川の支流で日光市を流れる「大谷川」は「だいやがわ」と呼びます。

それでは、「大谷」「大谷石」という言葉はいつごろから使われ始めたのでしょう。

「大谷」とは字のごとく「大きな谷」の場所を言い表していると考えられます。まさに大谷石の産出する場所の景観は、本文でも記載したとおり、姿川によって形成された大きな谷間の地なのです。その場所に磨崖仏が彫られ創建された寺が「大谷寺」です。鎌倉時代初期には「坂東三十三ヵ所」の一つに選ばれていることから、それ以前から「大谷寺」は存在していました。よって、「大谷」という地名は古代まで遡ると考えられます。なお、大谷寺のある場所の小字も「大谷」です。

次に「大谷石」ですが、江戸時代の元文年間に書かれたと思われる記録の中に、宇都宮の町の中には石橋があり、その石は「大谷石」と出てきます。そのことから少なくとも江戸中期には「大谷石」という言葉は使われており、それ以前から大谷の地で採れた石を「大谷石」と呼んでいた可能性があります。

凝灰岩は札幌軟石や伊豆石《いずいし》、日華石《にっかせき》など日本の各地で産出しますが、大谷石はその代表的なものです。大谷石が全国的に知られるきっかけとなったのが、本文でも紹介したフランク・ロイド・

ライトが設計した帝国ホテルに大谷石が使われていたことからです。関東大震災において被害が最小限で済み、大谷石は耐火性が優れているとの評判が広がったことによります。

また、民藝運動の提唱者である柳宗悦が「質が堅くないだけに、石に連想される冷たさがない。丁度、石と木との間のような性質がある。堅くないだけに親しみやすい。何も上等な石というわけではないが、私は大谷石に日本的なものを見出さないわけにはゆかぬ」と評するように、大谷石には柔らかく温もりを感じることができるような風合いが備わっています。

「大谷石の特徴は?」と聞かれれば、「加工しやすく耐火性に優れている石」との答えが返ってくると思いますが、柳が言うような日本人好みの質感も大谷石の魅力と言えるのではないでしょうか。

現在、大谷石の生産量は最盛期に比べればごく僅かではありますが、屋内のインテリアや外装に利用され、その建物に温もりを与えてくれます。

また、2011年3月11日の東日本大震災により大谷石造りの蔵や塀などに被害があったため、それらの建物等が減少しています。しかし、宇都宮には、まだ多くの大谷石など地元の凝灰岩を使った石蔵や神社の鳥居・祠《ほこら》などが残っており、宇都宮の独特な景観を醸し出しています。これが、長い年月をかけ培ってきた宇都宮の「大谷石文化」の具現化した姿です。この文化を私たちはこれからも末永く守り続けていくことが大切です。

本書は、この宇都宮に息づく「大谷石文化」のこれまでの歴史と民俗文化についてまとめたものであり、大谷石の魅力とともに、私たちの祖先が歩んできた道のりを理解する際の参考としてご活用いただければ幸いです。

文化財MAP

MAP A

宇都宮市全域

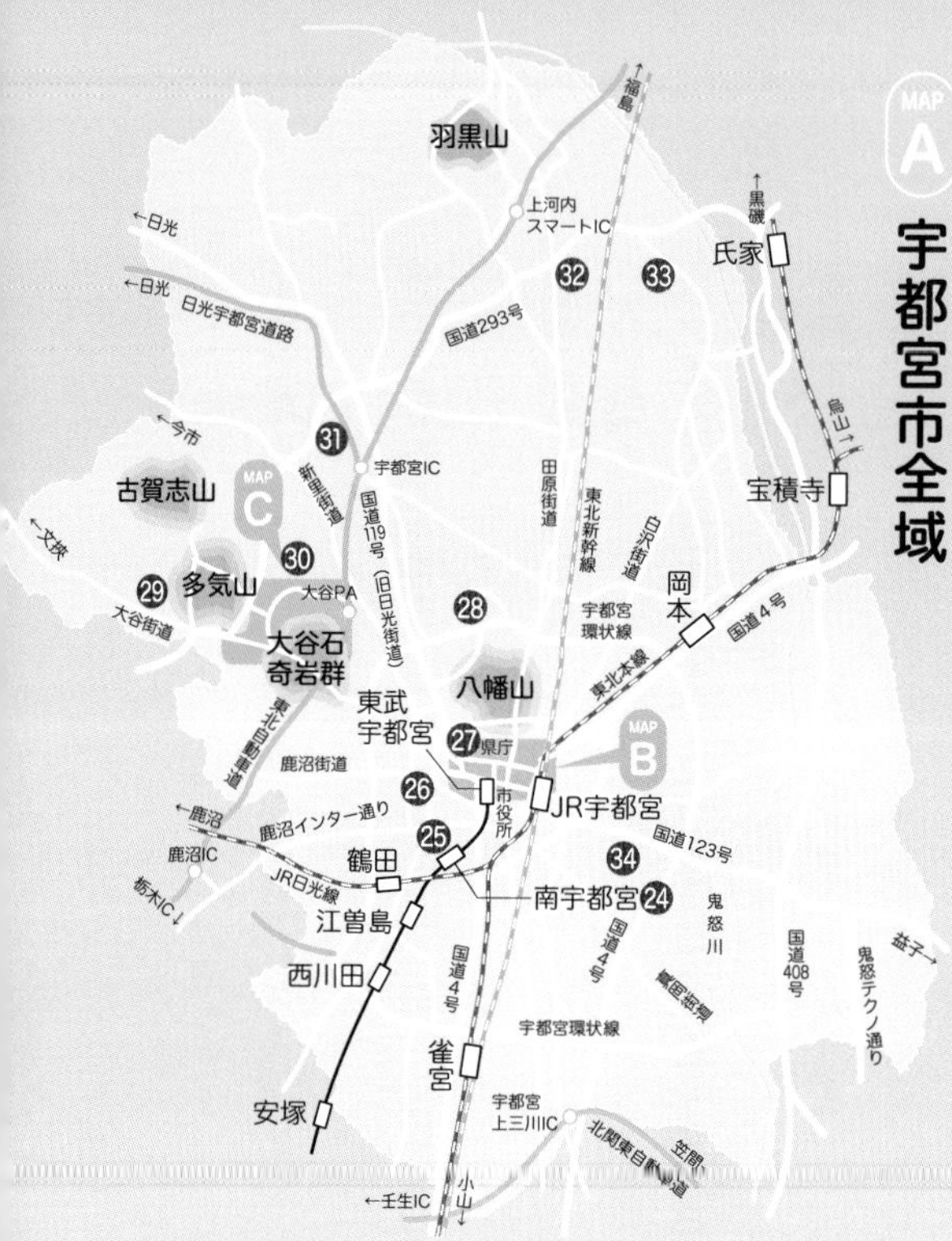

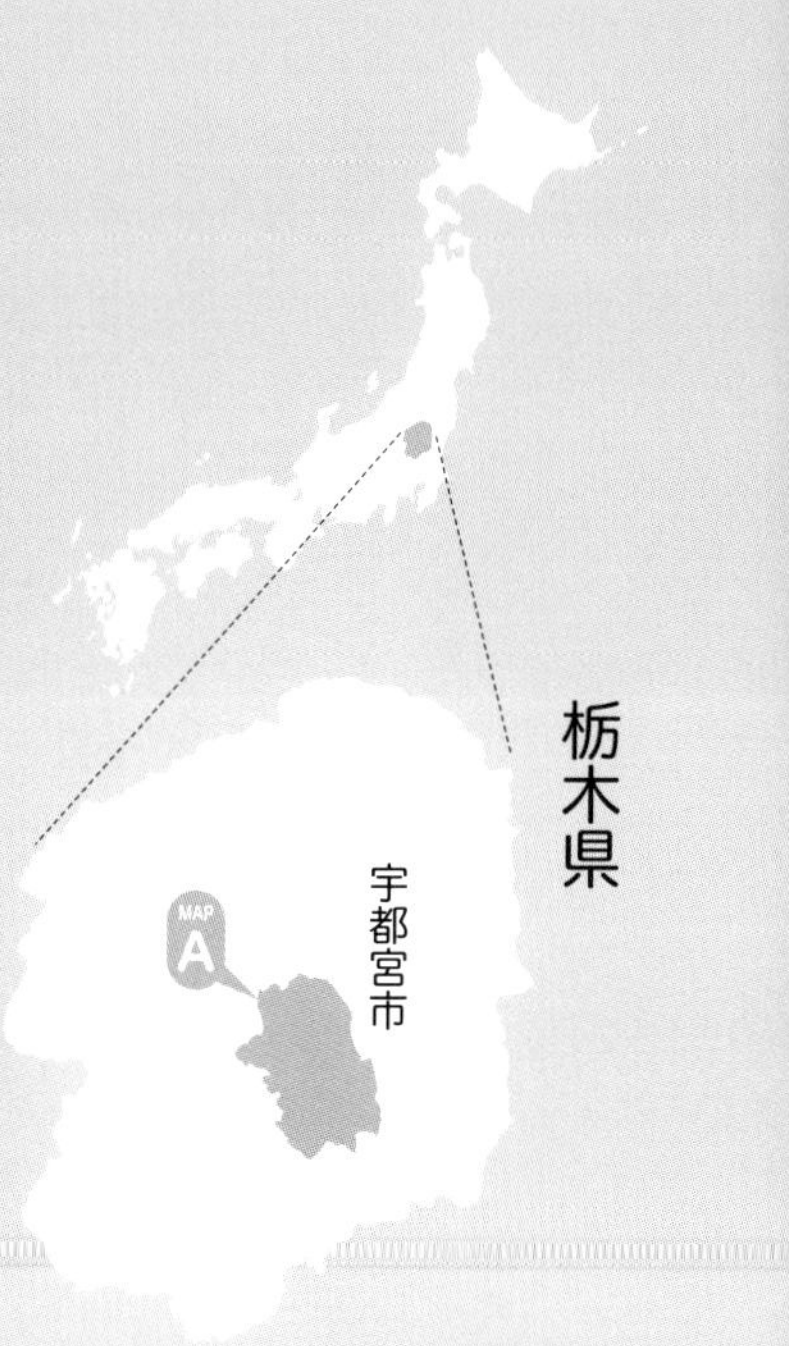

文化財等リスト

MAP C

❶ 多気山（多気城跡）	
❷ ホテル山（トウヤ採石場）	
❸ 大谷の奇岩群（御止山）	国名勝
❹ 大谷の奇岩群（越路岩）	国名勝
❺ 鶴岩	
❻ 亀岩	
❼ 大谷資料館（カネイリヤマ採石場跡地）	
❽ 大谷磨崖仏	国特別史跡　国重要文化財
❾ 奇岩「天狗の投げ石」	
❿ 大山阿夫利神社	
⓫ 大久保石材店	
⓬ 屏風岩石材	県有形文化財
⓭ 渡邊家住宅	市認定建造物
⓮ カネホン採石場（高橋佑知商店）	
⓯ 立岩神社	
⓰ 軽便鉄道跡	
⓱ 瓦作駅跡	

MAP B

⓲ カトリック松が峰教会	国登録有形文化財
⓳ ダイニング蔵おしゃらく	
⓴ 二荒山神社の石垣	
㉑ 宇都宮聖ヨハネ教会聖堂	市指定文化財
㉒ 宇都宮貞綱・公綱の供養塔（興禅寺）	
㉓ 旧篠原家住宅	国重要文化財・市指定文化財

MAP A

㉔ 東武鉄道南宇都宮駅舎	
㉕ 南宇都宮石蔵倉庫群	
㉖ 栃木県中央公園の旧商工会議所遺構	
㉗ 星が丘の坂道	
㉘ 長岡百穴古墳	県史跡
㉙ 小野口家住宅	国登録有形文化財
㉚ 岩原神社	
㉛ 西根集落	
㉜ 上田集落	
㉝ 芦沼集落	
㉞ 宇都宮大学庭園	国登録記念物

MAP B 中心市街地

MAP C 大谷地域

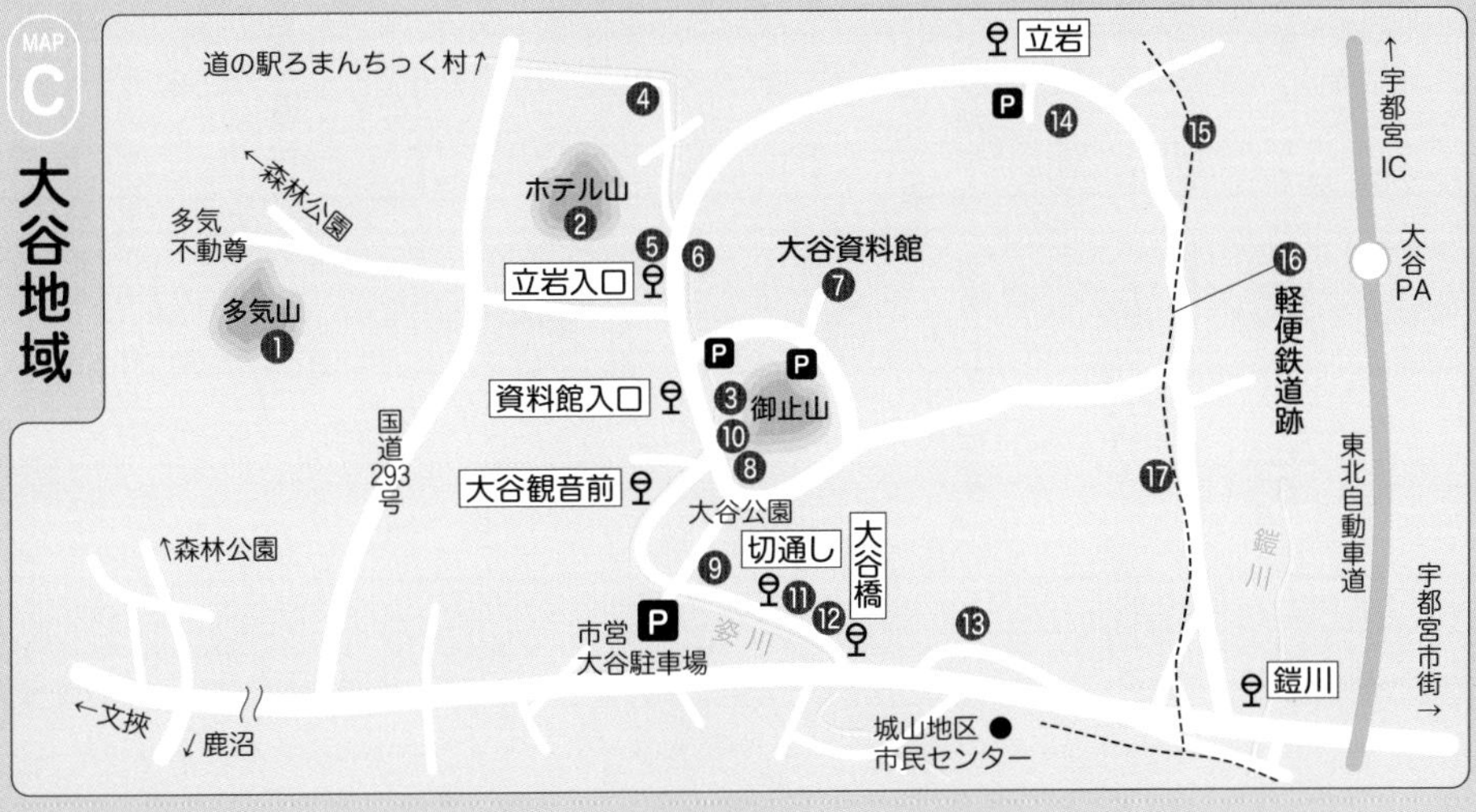

日本遺産「大谷石文化」

見学モデルコース

►バス　▷徒歩

・□内は関東自動車㈱バス停留所名

・見学場所には有料施設や事前に連絡が必要な場所があります。

コース1　大谷石文化の掘る営み、使いこなす営みを感じる（1日）

JR宇都宮駅►資料館入口▷❼大谷資料館▷❸御止山▷❽大谷寺（大谷観音）▷昼食▷⓫大久保石材店▷⓬屏風岩石材▷⓭渡邊家住宅▷大谷橋►東武駅前▷⓲松が峰教会▷⓳おしゃらく▷⓴二荒山神社▷㉓旧篠原住宅▷JR宇都宮駅

コース2　大谷・奇岩群をめぐる

JR宇都宮駅►立岩入口▷❹越路岩▷❷ホテル山▷❺鶴岩❻亀岩▷❼大谷資料館▷❸御止山▷❽大谷寺（大谷観音）▷大谷公園▷❾天狗の投げ石▷切通し►JR宇都宮駅

コース3　大谷の軽便鉄道跡をめぐる

JR宇都宮駅►立岩▷⓮カネホン採石場▷⓯立岩神社▷⓰軽便鉄道跡▷⓱瓦作駅跡▷鎧川►JR宇都宮駅

年表

1500万年前　火山の大噴火により大量の軽石が噴出し海底に堆積（大谷石の基が形成）
12000年前　このころ大谷寺洞窟に人が住み始める
5世紀末〜7世紀初　古墳の石室に大谷石などの凝灰岩が使われる
7世紀初　長岡百穴古墳が造られる
782（天応2）年　勝道上人が補陀洛山（男体山）の登頂に成功
8世紀末頃　大谷寺の千手観音菩薩立像造立
1188（文治4）年　満願寺の六面石幢造立
1192（建久3）年　源頼朝が征夷大将軍となる
1542（天文11）年　大谷寺に廻国塔造立
1603（慶長8）年　徳川家康が征夷大将軍となる
1710（宝永7）年　岩原村と新里村の石切同士の争い
1720（享保5）年　上荒針村の石切職人49人
1778（安永7）年　慈光寺旧山門建立
1825（文政8）年　小野口家住宅「裏の蔵」完成
1846（弘化3）年　二荒山神社の石垣が完成
1851（嘉永4）年　旧篠原家住宅「文庫蔵」完成
1868（慶応4）年　戊辰戦争（〜69）
1874（明治7）年　明治政府が全国の石材調査を実施
1885（明治18）年　日本鉄道の大宮〜宇都宮間開通／宇都宮駅の開業
1894（明治27）年　日清戦争（〜95）
1895（明治28）年　旧篠原家家住宅「主屋」完成
1896（明治29）年　宇都宮軌道運輸会社設立／宇都宮市制施行
1897（明治30）年　宇都宮軌道運輸 西原町〜荒針間の路線開業
1899（明治32）年　野州人車鉄道開業
1901（明治34）年　栃木県河内郡の統計書に初めて大谷石が記載される
1904（明治37）年　日露戦争（〜05）

（青字は日本史的できごと）

1906（明治39）年　宇都宮軌道運輸が野州人車鉄道を合併し宇都宮石材軌道と社名変更
1914（大正3）年　第一次世界大戦（〜18）
1915（大正4）年　鶴田〜荒針間に軽便鉄道が開通
1921（大正10）年　自由学園中央棟（現・明日館）竣工
1923（大正12）年　帝国ホテル全館完成 披露パーティの当日に関東大震災が発生
1924（大正13）年　山邑家住宅（現・ヨドコウ迎賓館）竣工
1926（大正15）年　大谷石材労働組合が結成
1928（昭和3）年　旧宇都宮商工会議所竣工
1929（昭和4）年　東武日光線が開業／旧大谷公会堂竣工
1931（昭和6）年　東武宇都宮線開業、東武鉄道が宇都宮石材軌道を合併
1932（昭和7）年　カトリック松が峰教会竣工／大谷石材協会が設立
1933（昭和8）年　日本聖公会宇都宮聖ヨハネ教会聖堂竣工
1935（昭和10）年　大谷石材産地営業組合設立
1936（昭和11）年　日本民藝館創設
1941（昭和16）年　太平洋戦争（〜45）
1945（昭和20）年　宇都宮空襲
1952（昭和27）年　大谷石材協同組合機械化研究会が採掘・加工の機械化の検討を開始
1955（昭和30）年　石材の裁断機の実用化
1957（昭和32）年　石材採掘機の実用化
1964（昭和39）年　東武鉄道大谷線が廃止
1972（昭和47）年　東北自動車道 岩槻―宇都宮間が開通
1973（昭和48）年　大谷石の生産量が89万トンを記録
1979（昭和54）年　大谷資料館開館
1985（昭和60）年　帝国ホテル中央玄関を博物館明治村で展示公開
1996（平成8）年　宇都宮美術館開館

参考文献

「日本遺産　地下迷宮の秘密を探る旅」HP　https://oya-official.jp/bunka/（最終閲覧　令和5年3月1日）

【Ⅰ章】

宇都宮美術館（２０１７）『石の街うつのみやー大谷石をめぐる近代建築と地域の文化』

岩塚守公（１９６５）「大谷磨崖仏の保存、修理と大谷丘陵における風化・侵蝕の特性」（『応用地質』６巻３号）

江本義理（１９６８）「大谷寺磨崖仏に発生する『いわしお』について」（『保存科学』No.２）

西山賢一（２０１０）『急崖での岩盤崩壊の発生プロセスとその地質的背景』

下野地学会編（１９７９）『日曜の地学９　栃木の地質をめぐって』築地書館

講談社ＨＰ　現代ビジネス「日本列島がどうしてできたか知っていますか」

フォッサマグナミュージアムＨＰ　糸魚川市

独立行政法人産業技術研究所　地質図『宇都宮１：５００００』

【Ⅱ章】

栃木県立博物館（２０００）『大谷寺洞穴遺跡出土屈葬人骨の保存処理及び自然科学的調査報告』栃木県立博物館

小片泰（１９７０）「洞窟遺跡出土の人骨所見序説」『日本の洞穴遺跡』平凡社

塙静夫（１９９９）『図説 とちぎ古代文化の源流を探る』随想舎

宇都宮市史編さん委員会編（１９７９）『宇都宮市史』第1巻（原始・古代編）宇都宮市

栃木県歴史文化研究会（２０２１）「特集：凝灰岩利用の歴史」（『歴史だより』第１２１号）栃木県歴史文化研究会

大澤伸啓・大澤慶子（２０２１）「大谷磨崖仏と山寺」（『季刊考古学』第１５６号）雄山閣

北口英雄（２０１９）「大谷磨崖仏と石心塑像」『栃木県の仏像・神像・仮面』随想舎

橋本澄朗（２００２）「大谷磨崖仏造像の歴史的背景について」（『研究紀要』第10号）㈶とちぎ生涯学習文化財団埋蔵文化財センター

栃木県歴史文化研究会編（２０１１）『人物でみる栃木の歴史』随想舎

栃木県立博物館（２０２２）『鑑真和上と下野薬師寺』

齋藤慎一（２０２１）「東国武士と中世坂東三十三所」『中世東国の信仰と城館』高志書院

松原典明（１９９６）「下野・五輪塔考」『考古学の諸相』坂詰秀一先生還暦記念会

秋池武（２００５）『中世の石材流通』高志書院

上原康子（２００１）「栃木県南東地域の五輪塔」（『研究紀要』第9号）（財）とちぎ生涯学習文化財団埋蔵文化財センター

岩橋康子（２００３）「国分寺町内所在の大型五輪塔について」（『栃木県考古学会誌』第24集）栃木県考古学会

栗岡眞理子（２０１２）「北関東」『中世石塔の考古学』高志書院

下野新聞社（１９７０）『益子の文化財』

【Ⅲ章】
下野庵宮住『宇都宮史』
古川古松軒・大藤時彦解説（１９６４）『東遊雑記』平凡社東洋文庫
木村孔恭 著・蔀関月 画（１７９９）『日本山海名産図絵』
宇都宮市史編さん委員会編（１９８１）『宇都宮市史』（第5巻近世史料編Ⅱ）宇都宮市
宇都宮市史編さん委員会編（１９８２）『宇都宮市史』（第6巻近世通史編）宇都宮市
宇都宮市史編さん委員会編（１９８０）『宇都宮市史』（第7巻近・現代編Ⅰ）宇都宮市
宇都宮市史編さん委員会編（１９８１）『宇都宮市史』（第8巻近・現代編Ⅱ）宇都宮市
栃木県史編さん委員会編（１９８２）『栃木県史』（通史編7近現代二）栃木県
栃木県史編さん委員会編（１９７９）『栃木県史』（史料編・近現代三）栃木県
栃木県史編さん委員会編（１９７７）『栃木県史』（史料編・近現代六）栃木県
栃木県史編さん委員会編（１９７８）『栃木県史』（史料編・近現代七）栃木県
宇都宮商工会議所史編纂会編（１９４４）『宇都宮商工会議所五十年史』宇都宮商工会議所
宇都宮市教育委員会（１９９７）『文化財シリーズ第15号　宇都宮の石造建造物』宇都宮市教育委員会
東武鉄道社史編纂室編（１９９８）『東武鉄道百年史』東武鉄道株式会社
遠山景晋（１７９９）『未曽有之記』国立公文書館蔵
大町雅美（２００４）『郷愁の野州鉄道　栃木県鉄道秘話』随想舎
鎌田浩毅（２０１６）『地球の歴史（下）』中公新書
髙山慶子（２０２０）『江戸の名主　馬込勘解由』春風社
池田貞夫・川村泰一（２０２２）「宇都宮市域の石材産地を探る」（『徳次郎石研究会活動成果報告書　令和3年度』）徳次郎石研究会
川田純之（２０２２）『宇都宮藩と城下・村の人びと - 藩の公用日誌を読む - 』随想舎
米国戦略爆撃調査団文書（１９４７）“Underground Production of Japanese Aircraft, Report No.20” 国立国会図書館憲政資料室蔵

【Ⅳ章】
宇都宮美術館（２０１７）『石の街うつのみや―大谷石をめぐる近代建築と地域の文化』
ＮＰＯ法人大谷石研究会編（２００６）『大谷石百選』ＮＰＯ法人大谷石研究会
ＮＰＯ法人大谷石研究会編（２０２２）『大谷石未来へ』ＮＰＯ法人大谷石研究会
宇都宮美術館（２０１５）『大谷石をめぐる連続美術講座　論集　大谷石の来し方と行方』宇都宮美術館
宇都宮市大谷の文化的景観の保存・活用検討委員会編（２００６）『大谷の文化的景観の保存・活用事業報告書』宇都宮市
柏村祐司（２００７）「大谷石切りをめぐる民俗」（『歴史と文化』16号）栃木県歴史文化研究会
宇都宮市教育委員会事務局社会教育課編（１９８３）『宇都宮の民話』宇都宮市教育委員会
大野登士（１９８０）『大谷石むかし話』地芳社

〈監　修〉酒井豊三郎　橋本澄朗　柏村祐司

〈執筆者〉大塚雅之（第Ⅰ章・第Ⅲ章5・第Ⅳ章1）
今平利幸（第Ⅱ章）
小松俊雄（第Ⅲ章1・第Ⅳ章2・3）
神野安伸（第Ⅲ章2～4）

大谷石文化への誘い

—その歴史と魅力を探る—

2023年3月31日　第1刷発行

編者・発行　宇都宮市大谷石文化推進協議会
〒320-8540 栃木県宇都宮市旭1-1-5
（宇都宮市教育委員会事務局文化課内）

制作・発売　有限会社随想舎
〒320-0033　栃木県宇都宮市本町10-3　TSビル
TEL 028-616-6605　FAX 028-616-6607
URL : https://www.zuisousha.co.jp/

印　　刷　モリモト印刷株式会社

装丁・組版　栄舞工房

ISBN978-4-88748-416-0 C0021